D. P. Walther

Land und See

Unser Klima und Wetter

D. P. Walther

Land und See

Unser Klima und Wetter

ISBN/EAN: 9783954273119
Erscheinungsjahr: 2013
Erscheinungsort: Bremen, Deutschland

© maritimepress in Europäischer Hochschulverlag GmbH & Co. KG, Fahrenheitstr. 1, 28359 Bremen. Alle Rechte beim Verlag und bei den jeweiligen Lizenzgebern.
www.maritimepress.de | office@maritimepress.de

Bei diesem Titel handelt es sich um den Nachdruck eines historischen, lange vergriffenen Buches. Da elektronische Druckvorlagen für diese Titel nicht existieren, musste auf alte Vorlagen zurückgegriffen werden. Hieraus zwangsläufig resultierende Qualitätsverluste bitten wir zu entschuldigen.

Wetterkarte vom 1. Januar 1907 (abends).

A. G. III, 3.
Walther, Land und See.

Land und See.

Unser Klima und Wetter.
Die Wandlungen unserer Meere und Küsten. Ebbe und Flut. Sturmfluten.

Von

Fregattenkapitän z. D. P. Walther.

Mit 7 Wetterkarten.

Inhaltsverzeichnis am Schluß des Werkes.

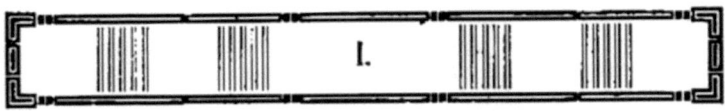

Unser Klima.

Berlin hat eine Jahrestemperatur von 9° Celsius, ebensoviel wie das 12 Breitengrade südlicher gelegene Boston, dessen Breite ungefähr derjenigen von Rom entspricht. Ist unser Klima demnach im Verhältnis zur geographischen Breite außerordentlich milde zu nennen, so ist dies doch nur für ein beschränktes Gebiet, den Nordwesten Europas, zutreffend. Geht man nämlich auf demselben Breitengrade nach Osten zu, so sinkt die Temperatur vom mittleren Deutschland ab mehr und mehr; an der preußisch-russischen Grenze ist es bereits 1° Celsius. Am westlichen Ural beträgt die Jahrestemperatur auf der Breite von Berlin nur noch 4°, noch weiter nach Osten wird bald die Grenze des Ackerbaus und schließlich im östlichen Sibirien eine Jahrestemperatur von 0° erreicht.

Unser Wärme- und Segensspender ist der Golfstrom; er bringt uns die Wärme und die Feuchtigkeit und ist durch den Kampf der von ihm erwärmten Luft mit der kälteren über dem Kontinent die Ursache unseres eigenartigen Klimas und unbeständigen Wetters. Ein Verständnis des letzteren ist nun für jeden, der Freude an der Natur, an Wald und Feld, an unserer Tier- und Pflanzenwelt empfindet, notwendig, aber nur zu erlangen möglich durch die Kenntnis einiger wichtiger Daten aus dem großen Reiche der Meteorologie und durch einen Überblick über unsere allgemeinen klimatischen Verhältnisse. Um diesen zu schaffen, sollen zunächst die einzelnen Erscheinungen, die unser Wetter bedingen, wie Temperatur, Feuchtigkeit, Regen, Nebel, Winde nebst Luftdruckverteilung gesondert betrachtet und von den verschiedenen Orten mit einander verglichen werden. Durch solche Vergleiche gewinnen dann auch die sonst so trocknen meteorologischen Zahlenangaben sofort an Bedeutung und Interesse.

Die Temperatur.

Bekanntlich hat die Nordseeküste ein gleichmäßigeres und milderes Klima wie die Ostseeküste und letztere ein kälteres wie das Binnenland. Wie dies in dem wichtigsten Faktor, der Temperatur, zum Ausdruck kommt, möge folgende kleine Tabelle

Temperatur.

zeigen. In derselben sind die Orte so ausgewählt, daß sie die Längenausdehnung unserer Küsten sowie die verschiedenen Teile Deutschlands umfassen.

Beobachtungskarte		Durchschnittstemperaturen in Graden Celsius		
Gegend	Orte	Jahres-mittel	Januar	Juli
Nordsee-Gebiet	Borkum	8,6	0,8	16,6
	Wilhelmshaven ..	8,5	0,6	16,8
	Sylt	7,7	0,3	16,0
Ostsee-Gebiet	Kiel	7,4	— 0,4	16,2
	Swinemünde.....	7,8	— 1,1	17,6
	Neufahrwasser ...	7,3	— 2,0	17,9
Binnen-land	Berlin	9,0	— 0,8	18,8
	Breslau.........	8,0	— 2,8	18,1
	Frankfurt a. M...	9,8	— 0,1	19,6
	München *)......	7,4	— 3,0	17,2

Aus der kleinen Tabelle ist der Unterschied zwischen Küsten- und Binnenlandsklima oder was dasselbe ist, zwischen ozeanischem und kontinentalem Klima deutlich zu erkennen. Sie zeigt, daß es an der Nordseeküste im Winter wärmer und im Sommer kühler ist als im Binnenlande und zwar handelt es sich hier um recht beträchtliche Unterschiede. Während nämlich an der Nordsee der Unterschied zwischen dem wärmsten und kältesten Monat kaum 16° beträgt, beträgt er in Berlin 18°, in Ostpreußen bereits 20°, und in Moskau 30°.

Vergleicht man in der Zusammenstellung nur die Juli-Temperaturen mit einander, so fällt auf, daß Berlin, das doch im Juli als Bratofen verrufen ist, in diesem Monat nur 1° wärmer ist als die Ostseeküste und 2° wärmer als die Nordseeküste. Hierbei ist jedoch zu bemerken, daß die Angaben sich auf das Mittel der Tagestemperaturen beziehen; sie würden sofort anschwellen, wenn man nur die Mittagstemperaturen mit einander vergleichen wollte. Wir kommen hiermit auf einen weiteren Unterschied zwischen Küsten- und Binnenlandsklima, nämlich: daß auch der Unterschied zwischen Tag- und Nacht-Temperaturen an der Küste viel geringer ist als im Binnenlande. Die Gründe

---

*) Das kalte Klima Münchens erklärt sich durch seine hohe Lage von 520 m über dem Meeresspiegel.

Temperatur.

hierfür sind ähnlicher Art wie die, welche die gleichmäßigeren Jahrestemperaturen hervorrufen und beruhen auf folgendem Vorgang.

Das Wasser absorbiert nicht so viel Wärmestrahlen der Sonne, wie es das Land tut, da es den größten Teil derselben zur Verdunstung des Wassers verbraucht. Die Folge hiervon ist, daß die Luft über dem Wasser weniger erwärmt wird, wie die Luft über dem von der Sonne schneller erwärmten Lande und die weitere Folge, daß ein Ausgleich stattfinden muß. Derselbe geht in der Weise vor sich, daß die wärmere Luft über dem Lande in stärkerem Maße nach oben steigt und durch kältere vom Wasser her ersetzt wird. Es weht also am Tage ein kühlender Seewind, in der Nacht findet das Umgekehrte statt und die Gesamtwirkung ist eine gleichmäßigere Tagestemperatur wie im Binnenlande. Bemerkbar ist diese Erscheinung der Land- und Seewinde nur bei gleichmäßigem Barometerstand, also ganz schwacher sonstiger Luftbewegung. In südlichen Gegenden hingegen sind die täglichen Land- und Seewinde die Regel, so daß man mit Sicherheit damit rechnen kann. Der Seewind stellt sich dort am Vormittag fast immer um dieselbe Uhrzeit ein und macht an manchen Orten durch seine erquickende Kühle dem Europäer den Aufenthalt überhaupt erst erträglich.

Die größere Gleichmäßigkeit des Küstenklimas erstreckt sich aber nicht allein auf den Jahresdurchschnitt und den Tagesdurchschnitt, sondern auch auf die Unterschiede zwischen zwei auf einander folgenden Tagen und da auch dies von Bedeutung ist, so sei angeführt, daß der durchschnittliche Unterschied zwischen zwei aufeinander folgenden Tagen auf den Nordseeinseln 1,1°, an der Ostseeküste 1,5°, in Mitteldeutschland 1,8° beträgt.

Zum Schluß noch einige vergleichende Angaben über die Temperaturverhältnisse in den verschiedenen Hauptstädten Europas.

Durchschnitts-Temperaturen in Celsius-Graden			
	Jahres-mittel	Januar	Juli
Rom	15,3	6,7	24,8
Madrid	13,5	4,9	24,5
Paris.....	10,3	2,0	18,3
London	10,3	3,5	19,6
Wien	9,2	— 1,9	19,6
Berlin	9,0	— 0,8	18,8
Moskau...	3,9	— 11,1	18,9

Die hier besprochenen Temperaturunterschiede sind es nun nicht allein, die den Unterschied zwischen oceanischen und continentalem Klima ausmachen, ein ebenso wichtiger Faktor ist der Wassergehalt der Luft, die Feuchtigkeit.

Feuchtigkeit.

Das Klima an unseren Küsten ist selbstverständlich, ganz abgesehen von direkten Niederschlägen, feuchter als im Binnenlande, ferner an der Nordseeküste feuchter als an der Ostseeküste und zwar stimmt dies sowohl für die absolute Feuchtigkeit, also die wirkliche Wassermenge in der Luft, als auch für die relative Feuchtigkeit, die uns hier am meisten angeht, da sie auf unser körperliches Wohlbefinden am meisten einwirkt.

Bekanntlich kann die Luft um so mehr Feuchtigkeit aufnehmen, je wärmer sie ist. Ist sie gesättigt, so fängt sie an, ihre Feuchtigkeit in Gestalt von Regen, Tau, Nebel, Schnee, Reif abzugeben, sie hat dann 100% Feuchtigkeit, ein Zustand der bei 20° Wärme eine größere Wassermenge bedeutet als bei 10°, dasselbe ist bei jedem anderen Feuchtigkeitsgrad der Fall. Stößt in eine wärmere Luftschicht von vielleicht 80% Feuchtigkeit eine kältere, so schnellt die Prozentzahl bei der Abkühlung sofort in die Höhe; erreicht sie den Sättigungszustand, also 100%, so beginnen die Niederschläge, ein Vorgang, der sich alle paar Tage vor unseren Augen abspielt. — Des Morgens, wenn die Luftschicht über dem erkalteten Erdboden stark abgekühlt ist, erreicht sie die 100% sehr leicht, dann entsteht Tau oder Reif. — Zur Entstehung von Wolken, Nebel ist noch ein weiterer Faktor notwendig, nämlich eine geringe Veränderung des Luftdrucks; auf diese Verhältnisse hier näher einzugehen, dürfte jedoch zu weit führen.

Was hohe relative Feuchtigkeit bedeutet, wird derjenige am leichtesten spüren, der im Sommer die Nordseeküste besucht. Sein Zeug fühlt sich feucht an und riecht muffig, wenn er es aus dem Kleiderschrank herausnimmt, die Zigarren sind feucht, die Handtücher wollen nicht trocknen, es bildet sich leicht Schimmel und die Luft im Zimmer ist dumpfig, sobald die Fenster geschlossen werden. Das beste Mittel hiergegen ist selbstverständlich, so viel frische Luft wie möglich in das Zimmer einzulassen. In Hotels wird das auch keine Schwierigkeit haben, um so mehr aber in Privat-Logis. Die kleinen Leute sind nämlich an der Küste im allgemeinen noch größere Feinde von frischer Luft als im Binnenlande und haben von ihrem Standpunkt auch eine gewisse Berechtigung dazu, denn bei immer geschlossenen Fenstern erhält sich die Luft in den Zimmern verhältnismäßig trocken, auch konservieren sich die Sachen besser; allerdings herrscht dafür auch die sogenannte Kleineleuteluft in den Räumen, aber die ist ihren Bewohnern, die von Klein auf daran gewöhnt sind, nicht weiter unangenehm.

Die nachstehende kleine Zusammenstellung gibt über die relative Feuchtigkeit an der Küste und im Binnenlande Aufschluß. Sie zeigt, daß die relative Feuchtigkeit überall im Winter größer ist als im Sommer, an der Küste viel größer als im Binnenland und zwar ist der Unterschied zwischen beiden im Sommer größer als im Winter. Während nämlich im Juli der Feuchtigkeitsgehalt der Luft an der Nordseeküste um 7% größer ist als in Swinemünde und um 15% größer als in Berlin, ist er es im Winter nur um 3% resp. 7%.

	Ort	Relativer Feuchtigkeitsgehalt der Luft in Prozenten [*]		
		Jahres-mittel	Januar	Juli
Nordsee-küste	Borkum	86%	91%	81%
	Helgoland ..	84%	90%	83%
Ostsee-küste	Swinemünde	82%	88%	75%
Binnen-land	Berlin	74%	84%	67%
	Breslau .	75%	84%	68%

In diesen Zahlen prägt sich der zweite große Unterschied zwischen oceanischem und kontinentalem Klima aus.

Regen.

Daß an den Küsten mehr Regen fällt als im Binnenlande, erscheint selbstverständlich, dennoch trifft dies nur für die Nordseeküste, nicht auch für unsere Ostseeküste zu. Über die Durchschnitts-Regenmengen an den Küsten im Vergleich zum Binnenlande geben folgende Daten Aufschluß.

---

[*] Die statistischen Angaben sind dem Lehrbuch der Meteorologie von Dr. v. Bebber sowie den Segelhandbüchern der Seewarte für die Nord- und Ostsee entnommen.

Nordseeküste .... 70 cm Regenmenge im Jahr
Küste von Pommern und Westpreußen 55 „ „ „
Küste von Ostpreußen............ 62 „ „ „
Binnenland von Nordwest-Deutschland 68 „ „ „
Mitteldeutschland .... 53 „ „
Harz......................... 106 „ „
Thüringer Wald .... 93 „ „
Oberrheinische Tiefebene........ 65 „

Wir sehen hieraus, daß an Quantität noch weit mehr Regen in unseren Gebirgen fällt als an der Küste und daß unsere mittlere Ostseeküste verhältnismäßig regenarm ist. In den Sommermonaten ändert sich indessen das Bild vollständig.

Während nämlich an der Nordsee der meiste Regen im Herbst, mit Monat August beginnend, fällt, ist dies im Binnenland im Juni und Juli der Fall und zwar ist hier der Juli der bei weitem regnerischte Monat. Die Erscheinung tritt um so schärfer zu Tage, je weiter man nach Osten kommt. Als Beweis seien folgende Zahlen angeführt.

Im Juli fällt an der Nordseeküste............. 63 mm Regen
im Binnenland von Nordwest-Deutschland.. 72 „
an der Küste von Pommern und Westpreußen 71
an der Küste von Ostpreußen........ 78

Für den Besucher der Nordseeküste im Juni und Juli ist diese Erscheinung sicherlich angenehm. Wenn es aber trotzdem dort zu der Zeit viel regnen sollte, so kann man sich wenigstens damit trösten, daß es nach der Statistik anderwärts noch mehr regnet.

Wolken und Nebel.

Die Bewölkung an unseren Küsten ist im Jahresdurchschnitt nicht stärker als im Binnenlande, im Winter sogar etwas geringer, im Sommer stärker.

Die Verhältniszahlen sind für die
Nordseeküste für Juli 68 für das Jahr 67
Ostseeküste „ „ 69 „ 65
Berlin „ „ 52 „ 63
Breslau „ „ 59 „ 67
Wiesbaden „ „ 60 „ „ 67

Dieser Unterschied in der Bewölkung dürfte ebenfalls mit dazu beitragen, gerade in der heißesten Zeit das Küstenklima im Gegensatz zum Binnenland wohltuend empfinden zu lassen.

Die Nebelhäufigkeit ist im Gegensatz zur Bewölkung an den Küsten bedeutend größer als im Binnenlande und zwar an der Nordseeküste größer als an der Ostseeküste und an der Ostseeküste größer als im Binnenlande, so haben wir in Borkum 94 Nebeltage im Jahr, in Swinemünde 61, in Breslau nur 41.

Die meisten Nebeltage fallen in den Winter und zwar in die Zeit von November bis Februar. Im Juli kommen nach der Statistik in Borkum nur 2, in Swinemünde nur 1 Nebeltag vor.

In der Nacht und am Morgen ist am häufigsten Nebel, nachmittags und abends am wenigsten.

Dem Binnenländer mögen diese Angaben über Nebel vielleicht unwichtig erscheinen, für den Küstenbewohner aber und für die Schiffahrt, insbesondere die Küstenschiffahrt, ist der Nebel von der größten Bedeutung. Wer am Tage oder in der Nacht weit her von See das Geheul der Sirene oder die schrillen Töne der Dampfpfeife hört, möge hieraus entnehmen, daß draußen Nebel herrscht und daß es akustische Signale der Dampfer sind, die sich damit ihre gegenseitige Lage oder ihre Manöver mitteilen, um einander aus dem Wege zu gehen. Diese Signale sind nach dem internationalen Straßenrecht auf See dieselben auf der ganzen Erde. — Während man sich dann vielleicht im warmen Bett unwillig über die Störung auf die andere Seite legt, haben auf den Schiffen die verantwortlichen Männer jeden Nerv gespannt und alle Sinne angestrengt, um ihr Schiff und die ihnen anvertrauten Menschenleben und Güter vor Kollision, Strandung oder Untergang zu bewahren.

Die Winde.

Bevor auf die bei uns vorkommenden Winde eingegangen werden soll, sei in kurzem an den großen Kreislauf der Luft im Luftmeer erinnert, der sich über den größten Teil der Erde erstreckt. Die Ursache dieses Kreislaufes wie überhaupt aller Winde ist bekanntlich der verschiedene Luftdruck, der seinerseits hervorgerufen wird durch die verschiedene Erwärmung der Erde durch die Sonne und den verschiedenen Feuchtigkeitsgehalt.

Über dem Äquator, oder vielmehr dort, wo die Sonne am höchsten steht und es am heißesten ist, steigt die erwärmte, leichtere Luft in die Höhe, und zwar ist dies auf dem Meere wegen der Wasserdämpfe in stärkerem Maße der Fall als auf dem Lande. Die erwärmte Luft fließt in den höheren Luftschichten nach den Polen zu ab, wodurch in den unteren Luftschichten eine gewisse Luftleere entsteht, in die die kältere und deshalb schwerere Luft aus kälteren Gegenden hineinströmt. Dieser Luftstrom bildet die Passatwinde, die sich auf dem Meere zu beiden Seiten des Äquators über den ungeheuren Raum von je 20 Breitengraden erstrecken. Ihre Gebiete verschieben sich in den verschiedenen Jahreszeiten je nach dem Stande der Sonne, ihr in ewiger Gefolgschaft nachziehend; sie sind um die Erde gelegten breiten Windgürteln vergleichbar, die in der Richtung Nord-Süd hin und her geschoben werden und durch das Land unterbrochen sind.

Der Grund dafür, daß die Passatwinde nicht eine rein nördliche und südliche, sondern auch östliche Richtung haben, ist, etwas bildlich ausgedrückt, darin zu suchen, daß die Lufthülle, je näher dem Äquator, durch die Drehung der Erde in derselben Zeit einen größeren Weg mit dem Boden unter ihr zurücklegen muß als weiter nach den Polen zu. Die schnellere Bewegung können nun die Passatwinde, die von höheren Breiten dem Äquator zustreben, nicht so schnell aufnehmen und deshalb erscheinen sie nach Osten abgelenkt und zwar um so mehr, je näher sie dem Calmengürtel, der Region der Windstillen und Gewitter zwischen den beiden Passaten, kommen. Aus dem Nordostpassat auf der nördlichen und dem Südostpassat auf der südlichen Halbkugel ist am Ende ihrer Bahn fast Ostwind geworden. All diese Vorgänge sind sofort verständlich, wenn man sich einen in Drehung befindlichen Globus vor Augen hält.

Genau die umgekehrte Ablenkung erfahren in den höheren Luftschichten die vom Äquator nach den Polen hinfließenden Gegenpassatwinde. Ihre Richtung ist auf der nördlichen Halbkugel Südwest, um auf höheren Breiten noch westlicher zu werden. Allmählich erkaltet diese Luft, sie senkt sich und daher kommt es, daß bei uns hauptsächlich südwestliche und westliche Winde wehen. Ein Teil der Luft fließt dann als Passatwind wieder nach Süden, schließt dort also den Kreis, ein anderer nach Norden, wo ebenfalls ein Gebiet niederen Luftdrucks sich befindet und wahrscheinlich auch eine Art Kreislauf stattfindet. Doch nun zu den Luftströmungen bei uns.

Die Richtung der Winde an unseren Küsten ist von der im Binnenlande nicht sehr verschieden, so daß ein näheres Eingehen auf die Abweichungen sich erübrigt. Am häufigsten sind, wie bereits angeführt, überall die westlichen und südwestlichen Winde, am seltensten Ost- und Nordostwinde, welch letztere hauptsächlich im Frühjahr vorkommen und dann die bekannten Kälterückschläge mit sich bringen.

In den Sommermonaten überwiegen die westlichen Winde in noch höherem Maße als zu den andern Jahreszeiten, nur an

Die Winde.

der preußischen und pommerschen Küste weht dann auch häufig Seewind aus Nord und Nordost, den ersehnten Wellenschlag mit sich führend. Nachstehende Angaben geben ein anschauliches Bild hierüber; die Angaben beziehen sich aber nur auf die Sommmermonate. Es wehen dann an der

Nordseeküste 57% südwestl. — nordwestl. und
18% südöstl. — nordöstl. Winde
Ostseeküste 47% südwestl. — nordwestl. und
33% südöstl. — nordöstl. Winde.

Im Binnenlande verursachen die örtlichen Verhältnisse, ob Gebirge, Ebene usw. bedeutende Verschiedenheiten inbezug auf Richtung und Stärke der Winde, so daß vergleichende Angaben hier wenig Interesse bieten.

Über die Heftigkeit der Winde im allgemeinen gelten bestimmte Regeln.

Die erste Regel besagt, daß die häufigsten Winde, also die westlichen, auch durchschnittlich die stärksten sind.

Die zweite, daß abgesehen von den eigentlichen Stürmen auf See und an der Küste die stärkeren Winde im Winter, im Binnenlande dagegen im Sommer wehen. Letztere Erscheinung hängt mit den größeren Unterschieden der Erwärmung der Erde zu den verschiedenen Jahres- und Tageszeiten infolge der Sonnenstrahlen zusammen, wodurch auch die folgende dritte Regel bedingt wird.

Nach dieser ist auf dem Meere die Windstärke von den Tageszeiten unabhängig und ungefähr am Tage und in der Nacht gleich, dahingegen ist die Stärke des Windes an der Küste und im Binnenlande am größten in den wärmsten Stunden des Tages, also mittags, um in den späten Nachmittagsstunden wieder abzuflauen. Von 8 Uhr abends bis 8 Uhr morgens hält sich der Wind ziemlich gleichmäßig und ist verhältnismäßig schwach.

Das Segelhandbuch für die Ostsee, ein von der Seewarte für die Schiffahrt herausgegebenes Werk, erklärt diese Erscheinung am kürzesten mit folgenden Worten: „Die Ursache liegt in der Verzögerung der Luftbewegung der untersten Luftschichten durch die Unebenheiten des Erdbodens, die in der Nacht, wo der Luftaustausch in senkrechter Richtung sehr beschränkt ist, ihre volle Wirkung ausübt. Mit der höher steigenden Sonne werden die untersten Luftschichten durch Erwärmung des Erdbodens mehr als die darüber liegenden und zwar je nach den örtlichen Verhältnissen, ob Wald, Wiesen, Berg, Tal, verschieden erwärmt, wodurch Teile derselben aufsteigen und durch die in rascherer Strömung begriffene obere Luft ersetzt werden." Diese mittägliche Verstärkung des Windes tritt vorzugsweise bei heiterem

Die Winde.

Himmel und starkem Sonnenschein auf, daher sie auch durchschnittlich ausgeprägter bei Ostwind als bei Westwind ist.

Eine vierte Regel sei hier noch angeführt, trotzdem sie eigentlich an Land nicht beobachtet werden kann, nämlich: daß, wenn ein Wind von Land ab nach See zu weht, dieser erheblich stärker wird, je weiter er von Land abkommt. Es gilt dies vor allem für die Ostsee, an deren Strande der sich im schönsten Wetter ergehende Spaziergänger darüber klar sein möge, daß derselbe ihn angenehm umfächelnde Südwind wenige Meilen weiter nach See zu als Sturm wehen und kleineren Schiffen zum Verderben gereichen kann.

Wetter, Witterungsberichte und Stürme.

Es dürfte wohl niemand sein, der nicht in den Zeitungen unter Witterungsnachrichten von Maxima und Minima etwas gelesen hat. Man versteht unter diesen Ausdrücken bekanntlich Gebiete höheren und niederen Luftdrucks und von ihnen sind es besonders die letzteren, also die Minima, auch barometrische Depressionen genannt, die unser Wetter machen und bei starken Barometer-Unterschieden Stürme verursachen; wir werden sie daher hauptsächlich behandeln.

Ihre Entstehung verdanken die barometrischen Depressionen verschiedenen Ursachen, als deren hauptsächlichste die ungleichmäßige Erwärmung der Luft durch die Sonne sowie die ungleiche Verteilung des Wasserdampfes angesehen wird. — Die wärmere und daher leichter gewordene Luft in der betreffenden Gegend steigt, ähnlich wie dies über dem Äquator der Fall ist, in die Höhe und zwar in um so stärkerem Maße, je mehr sie mit Wasserdampf gesättigt ist. Der Luftdruck nimmt in dieser Region ab, ein Ausgleich muß stattfinden; infolge dessen strömt die Luft aus Gegenden höheren Luftdrucks in dieses Gebiet dünnerer Luft hinein und zwar um so stärker, je größer der Unterschied zwischen dem beiderseitigen Luftdruck, also der Barometerstände, ist.

Infolge der Drehung der Erde weht aber die von allen Seiten nach dem Minimum hinströmende Luft nicht direkt auf ihr Ziel zu, sondern wird auf unserer nördlichen Halbkugel nach rechts, auf der südlichen nach links abgelenkt. Hierdurch entsteht die merkwürdige Erscheinung, daß sich der Wind um das Gebiet des niedrigsten Luftdrucks wirbelartig herumdreht und sich dem Zentrum in einer Spirale nähert.

Das Minimum selbst bleibt hierbei nicht an demselben Ort stehen, sondern bewegt sich durch die Rotation der Erde je nach Ort und Jahreszeit in bestimmter Richtung fort. Sein Ende findet es schließlich teils durch Reibung an der Erde, den Gebirgen, teils durch allmähliches Verflachen, also Ausgleich des Luftdrucks. Ein solcher Ausgleich findet aber erst nach Tagen statt; er wird aufgehalten dadurch, daß die einströmende Luft im Zentrum immer wieder nach oben steigt, sowie dadurch, daß die Zentrifugalkraft

Die barometrischen Depressionen.

der umkreisenden Winde auf eine weitere Luftverdünnung hinwirkt.

Die bei jedem Minimum vorkommenden Regenfälle sind eine Folge der in die höheren und kälteren Luftschichten mit fortgerissenen Wasserdämpfe, die hier zu Wolken und Regen kondensieren müssen.

Ein völlig verschiedenes und in allem entgegengesetztes Bild liefert uns das Maximum, die Region hohen Luftdrucks.

Während das Minimum regnerisches und stürmisches Wetter bringt, ist das Wetter beim Maximum klar, im Winter meist sehr kalt, die Winde sind schwach.

Die Windverhältnisse spielen sich ungefähr so ab, als ob ein Minimum auf den Kopf gestellt wäre. In den unteren Luftschichten weht nämlich die Luft spiralförmig nach allen Seiten heraus. In den oberen Luftschichten hingegen strömt die ursprünglich wärmere, dann aber oben erkaltete Luft aus den Depressionsgegenden in das Zentrum des Maximum hinein und nach unten. Hierbei muß sie die wärmere Temperatur der unteren Luftschichten wieder annehmen, der mitgeführte Wasserdampf wird absorbiert, da die relative Feuchtigkeit, wie wir weiter oben gesehen haben, eine geringere wird; dies ist der Grund des meist **klaren, sonnigen Wetters im Maximum.**

Soweit die allgemeinen Betrachtungen. — In dem Folgenden sollen die uns speziell angehenden Minima von Nordwest-Europa nur noch allein behandelt werden.

Zunächst sei festgestellt, daß sich im Laufe des Jahres Hunderte von Depressionen an der Westküste Englands, über der Nordsee, an der norwegischen Küste bilden, von denen der größte Teil aber nicht Stürme erzeugt, wohl aber uns die Westwinde bringt, den Regen, die warme oceanische Luft, das schlechte unbeständige Wetter und damit unserm Klima das Gepräge gibt. Südlich von England bilden sich Minima weit seltener und deshalb reicht ihr segenspendender Einfluß auch nur etwa bis Nord-Spanien. Der südliche Teil der pyrenäischen Halbinsel ist regenarm und ähnlich wie der Orient auf künstliche Bewässerung angewiesen.

Wie es kommt, daß gerade auf unserer Breite diese Naturerscheinungen am häufigsten auftreten, darüber gibt es viele Erklärungen. Zunächst ist unsere Breite gerade die der ständigsten Westwinde; weiter nach Süden zwischen 30 und 40 Grad Breite beginnt schon der allmähliche Übergang zu den Anfängen der Passatwinde. Ferner stellt Nordwest-Europa mit dem davor liegenden England ein außerordentlich mannigfaltiges Küstengebiet dar und, wie überall beobachtet worden ist, sind es gerade die

Die barometrischen Depressionen.

Küsten, wo sich Minima am häufigsten bilden; vor allem aber ist dem Golfstrom mit seinem in unserem kälteren Klima schnell verdampfenden wärmeren Wasser ein wesentlicher Einfluß auf die Bildung der Minima zuzuschreiben.

Zum Teil ist es also bereits auf dem atlantischen Ocean, westlich von Irland, wo unser Wetter und unsere Stürme sich zusammenbrauen. Die großen Minima nehmen von dort ihre Bahn nach Osten oder Nordosten, hierbei ziemlich feststehende Bahnen, die wir später behandeln werden, bildend. Die meisten dieser Wege führen nördlich an uns vorbei. Ihre Geschwindigkeit ist je nach Größe und Tiefe verschieden, sie beträgt 2—5 deutsche Meilen in der Stunde. Je größer und tiefer, je stärker also auch die Winde, um so schneller im allgemeinen ihr Fortschreiten.

In welcher Richtung von einem das Minimum sich befindet, kann jeder Laie mit Leichtigkeit auf folgende Weise selbst feststellen:

„**Man stelle sich so auf, daß man dem Winde den Rücken zukehrt, dann liegt das Minimum zur Linken und zugleich etwas vor einem, das Maximum zur Rechten und zugleich etwas hinter einem**".

Dieser Satz, die Buys-Ballotsche Regel, beruht auf tausendfältiger Erfahrung und stimmt sowohl für Stürme wie für jede Wetterlage, die durch barometrische Ungleichheiten entstanden ist, also die meisten.

Über die Richtung der Winde um das Minimum gilt folgender einfache Satz: „Die Winde umkreisen auf der nördlichen Halbkugel das Minimum gegen den Zeiger der Uhr und nähern sich, wie bereits oben gesagt, spiralartig dem Zentrum. Nördlich vom Minimum wehen demnach hauptsächlich östliche und nordöstliche Winde, südlich vom Minimum südwestliche bis nordwestliche Winde und zwar von reichlichen Niederschlägen begleitet. — Da nun die meisten Minima nördlich an uns vorbeiziehen, so bringen sie uns mit den Westwinden auch unser schlechtes Wetter mit seinem typischen Verlauf, nämlich Südwestwind mit Regen, solange wir das Minimum nordwestlich von uns haben; Drehen des Windes nach Nordwesten und starke Abkühlung, wenn es an uns vorübergezogen und nordöstlich von uns steht, schließlich Aufklären des Himmels und Wiedereintreten normaler Witterung. Ähnlich verlaufen auch die Stürme; wir kommen hierauf später zurück.

Über die Stärke der Winde beim Minimum gilt die allgemeine Regel, daß die Winde auf der südlichen Seite des Minimum stärker sind, als auf der nördlichen, ferner auf der östlichen stärker als auf der westlichen; es hängt dies damit zu-

Das Minimum vom 1. Januar 1907.

sammen, daß östlich und südlich vom Zentrum die Luftdruck-Unterschiede am größten sind.

Wir unterbrechen nunmehr die allgemeinen Betrachtungen und wollen zum leichteren Verständnis zunächst einmal an der Hand einer Wetterkarte die Naturerscheinung eines Minimum etwas näher beleuchten und zwar sei als Beispiel das bedeutungsvolle Minimum gewählt, das am 1. Januar 1907 uns die kolossalen Temperaturunterschiede gebracht hat. (Wetterkarte 1.)

Wie sich der Leser erinnern dürfte, herrschte Ende Dezember 1906 in ganz Deutschland starker Frost, überall lag hoher Schnee, alle Gewässer waren zugefroren und die Winterfreuden konnten seit Jahren zum erstenmal wieder mit vollen Zügen genossen werden. Da erschien am 1. Januar als Störenfried ein tiefes Minimum, das der ganzen Herrlichkeit in wenigen Stunden ein jähes Ende bereitete, nicht in Deutschland allein, sondern in ganz Nordwest-Europa.

Wie schnell das Minimum mit der Kälte aufgeräumt hat, zeigen folgende Angaben, die auch zugleich erkennen lassen, wie mit dem Fortschreiten des Minimum von Westen nach Osten auch die Erwärmung allmählich von Westen nach Osten vor sich gegangen ist und zwar in der Weise, daß das Tauwetter in Königsberg 24 Stunden später eintrat als in Hamburg.

Das Thermometer zeigte in Graden Celsius

am	in Hamburg	in Berlin	in Breslau	i. Königsberg
1. Jan. 8 Uhr abends	— 3,6	— 3,5	— 3,8	— 9,9
2. Jan. 8 Uhr morgens	+ 3,2°	+ 0,7	— 3,0	— 4,7
2. Jan. 8 Uhr abends	+	+ 4,4	+ 5,8	— 7,5
3. Jan. 8 Uhr morgens	+	+	+	+ 1,9

In der Wetterkarte bedeuten die Linien um das Zentrum herum, die sogenannten Isobaren, Linien gleichen Luftdrucks, die dabei stehenden Zahlen die Barometerstände.

Die Isobaren umgeben das Minimum meist als geschlossene Kreise, die aber nicht gleichmäßig rund sind, sondern vielfach eingedrückt oder auseinandergezogen erscheinen. Je näher die Kreise an einander rücken, um so größer die Barometer-Unterschiede, um so größer das Bestreben der Luft sich auszugleichen, um so heftiger der Wind.

Die Befiederung der Pfeile bei den Beobachtungsstationen bedeutet die Hälfte der Windstärke nach der Beaufortschen Skala. (Dieselbe teilt die Winde in 12 Stärkegrade ein und zwar nach ihrer Geschwindigkeit in Metern in 1 Sekunde. Danach bedeutet Windstärke 1 ganz leichten Zug von 1—2 m pro Sekunde,

Witterungsberichte und Wettervoraussagen.

Windstärke 3 — leichten Wind von 4—6 m, Windstärke 6 — ziemlich starken Wind 10—12 m, 9 — Sturm 17—20 m, 12 — Orkan von über 30 m Geschwindigkeit in der Sekunde.)

Obiges Minimum ist mit seinen 720 mm ganz außergewöhnlich tief; es ist damals auch starker Südweststurm erwartet worden und von der Seewarte ergingen entsprechende Sturmwarnungen an die ganze Küste, dennoch hat es nur stürmische südwestliche Winde, nicht aber heftigen Sturm gebracht. Das Beispiel belehrt uns demnach, daß es bei den Minima gar nicht so sehr auf die absolute Tiefe des Barometerstandes ankommt; von noch größerer Bedeutung sind die Barometer-Unterschiede dabei und außerdem die Entfernung, Richtung und Höhe des Maximum, das in diesem Falle sehr weit ablag.

Die Wetterkarte ist die des öffentlichen Wetterdienstes zu Dresden, wie sie ähnlich neuerdings auch auf den Postämtern aushängen; kleinere Karten sind in allen größeren Zeitungen enthalten. Bei dem vorzüglich organisierten Wetterdienst lesen wir in den Abend-Zeitungen bereits die Witterung einer großen Zahl von Beobachtungsstationen von 8 Uhr morgens desselben Tages nebst der dazu gehörigen Wetterkarte und der Wetteraussage der Seewarte für den nächsten Tag. — All das ladet uns eigentlich direkt zu selbständigen Beobachtungen ein, und in der Tat: Wer erst diese Witterungsberichte mit Verständnis zu lesen angefangen hat, wird auch sofort Interesse dafür gewinnen, Voraussetzung ist allerdings dabei ein selbständiges Beobachten des Barometers.

Man ist auch durchaus in der Lage, mit Hülfe der obigen zu Gebote stehenden Hülfsmittel, sich bis zu einem gewissen Grade selbst die Fähigkeit zu erwerben, das Wetter für den nächsten Tag mit einiger Sicherheit voraus zu bestimmen. Notwendig dazu ist außer den Witterungsberichten und dem Barometer nur noch einige Kenntnis über die Wetterzeichen, die uns die Natur selbst durch das Aussehen des Himmels, die Art der Wolken, Durchsichtigkeit und allgemeines Aussehen der Luft, an die Hand gibt. Allerdings wollen diese Wetterzeichen auch richtig gedeutet sein und die Deutung ist nicht so einfach, da hierbei die örtlichen Verhältnisse, ob Gebirge, Ebene, Küste, ob in Nord- oder Süd-, Ost- oder West-Deutschland, eine große Rolle spielen; trotzdem sind sie eine interessante und wichtige Ergänzung zu den Wetter-Voraussagen der Seewarte. Ihr Wert geht schon aus der bekannten Tatsache hervor, daß an der Küste Lotsen und Fischer, auf dem Lande Bauern, Förster oder Schäfer häufig aus dem Aussehen des Himmels überraschend richtig Wettervoraussagen abgeben. Näher einlassen können wir uns auf dies Gebiet nicht; dazu sind die Wetter-Vorboten je nach den örtlichen Ver-

Witterungsberichte und Wettervoraussagen.

hältnissen zu sehr verschieden und da dabei Trugschlüsse nur zu häufig sind, so hieße ein Eingehen darauf den sicheren Boden der Erfahrung verlassen. Nur wie sich das Herannahen eines Minimum, also das Eintreten schlechten Wetters äußerlich in der Atmosphäre ankündigt, soll im nächsten Abschnitt über „Stürme" näher beschrieben werden. Unsere allbekannten Wetterzeichen, Richtung und Form der Wolken, Höfe um Sonne und Mond, spielen dabei natürlich auch eine Rolle.

Gewarnt sei hier aber vor zu vorschnellen Schlüssen aus den Wetterkarten. Ein Minimum, daß auf der Wetterkarte sich über England befindet, braucht zwar ungefähr 1 Tag bis es etwa die Höhe von Berlin und einen weiteren Tag bis es Memel erreicht hat; deshalb braucht aber noch lange nicht am nächsten Tage das entsprechende Wetter bei uns einzutreten, denn unterwegs kann das Minimum sich verflachen oder bedeutende Änderungen erleiden. Es sind also nur die großen Minima, wie das oben beschriebene, die mit Sicherheit auch ein Fortschreiten des Wetters von Westen nach Osten zur Folge haben.

All diese Vorgänge sind noch nicht genügend bekannt und die Meteorologie hat noch ein unendliches großes Forschungsgebiet vor sich. Trotz aller Schwierigkeiten ist man aber auch schon bei dem gegenwärtigen Stande der Witterungskunde soweit, daß etwa $4/5$ aller Wettervoraussagen der Seewarte sich als richtig erweisen und von dem letzten $1/5$ ein großer Teil auch nur als teilweise verfehlt zu bezeichnen ist.

Die Richtigkeit dieser von der Statistik bewiesenen Tatsache wird vielleicht von manchem Leser, der die Wettervoraussagen nur oberflächlich zu lesen pflegt, bezweifelt und zwar deshalb, weil die Witterung an seinem Wohnort mit der von der Seewarte angekündigten nicht übereinstimmte und er in Folge dessen das Interesse verloren hat. Diese Nichtübereinstimmung ist aber in den meisten Fällen dem Umstande zuzuschreiben, daß die Seewarte nur allgemeine Umrisse des künftigen Wetters geben kann, ohne Rücksicht auf die möglichen Veränderungen desselben durch irgend welche örtliche Verhältnisse. Sache des Beobachters ist es aber gerade, durch Übung und Vergleichen herauszufinden, wie die großen allgemeinen Witterungsverhältnisse sich gerade an seinem Wohnorte äußern.

Einen großen Schritt vorwärts auf dem Gebiet der Wettervoraussage werden wir durch die neuerdings eingeführten Beobachtungen der höheren Luftschichten mittelst kleiner Fesselballons tun, an denen selbstregistrierende Meßapparate befestigt sind. Der Kenntnis gerade der oberen Luftströmungen wird nämlich hierbei ein großer Wert beigelegt, ebenso wie den uns bisher noch fast ganz unbekannten Luftströmungen aus den oberen in die unteren Luftschichten und umgekehrt. Einzelne unserer großen Zeitungen bringen übrigens bereits die Beobachtungen des aeronautischen Observatoriums in Berlin und geben uns täglich Aufschluß über Wind und Temperatur von 500 zu 500 Meter bis zu 3000 Meter Höhe und darüber.

Nach dem oben angeführten Beispiel eines außerordentlichen Minimum sei auch ein Beispiel eines noch außerordentlicheren Maximum angeführt: Hatte das Minimum am 1. Januar die warme oceanische Luft siegreich bis ins Innere Rußlands hineingetragen, so erfolgte nach 20 Tagen der Gegenschlag.

Wir hatten oben das Wetter eines Maximum als klar und sonnig, im Winter kalt bei mäßigen Winden aus dem Zentrum heraus wehend, definiert; genau das finden wir an dem folgenden Beispiel.

Gleichsam als ob eine magische Gewalt das Minimum vom 1. Januar an der Grenze seines Wirkens in die Lüfte gehoben, oben umgedreht und so zum Maximum gemacht, breitete sich am 18. Januar im Norden Rußlands ein Maximum aus, das am 20. fast ganz Nordwest-Rußland bedeckte und den enorm hohen Luftdruck von 800 mm erreichte, ein Barometerstand, wie er nach dem Urteil des Präsidenten des Observatoriums in Petersburg seit 1836 nicht in Europa vorgekommen ist. Aus dem eisigen Zentrum dieses Maximum sandte der kontinentale Winter gleichsam die kalten östlichen Winde als Waffen gegen seinen Todfeind, die oceanische Luft und ließ sie noch schneller nach Westen in ihre Heimat, das Meer, wieder verschwinden, als wie er es selbst drei Wochen früher hatte erleiden müssen. Die furchtbare Kälte, die uns diese Naturerscheinung gebracht, dürfte noch in aller Erinnerung sein. In Berlin waren es -21^0, in Hamburg -14^0, in Wien -21^0, in Paris -11^0 Celsius. (Wetterkarte 2.)

So seltsam die meteorologischen Vorgänge im Januar auch gewesen sind, sie sind im Februar noch übertrumpft worden durch das Erscheinen eines Minimum, wie es in unserer Breite überhaupt noch nicht beobachtet worden ist, so daß das Jahr 1907 für Europa in meteorologischer Beziehung als ein ganz außergewöhnliches bezeichnet werden muß, schon allein durch die Tatsache, daß es, wenn auch zu verschiedenen Zeiten, Barometer-Unterschiede von 100 mm aufzuweisen hat.

Über die Beschaffenheit dieses Minimum gibt die Wetterkarte 3 im Anhang Aufschluß. Die Seewarte berichtet dazu am 20. Febr. 8 Uhr morgens: „Während sich der gestern südostwärts über Südskandinavien reichende Ausläufer der Depression in nordöstlicher Richtung entfernt hatte, ist der gestern erwähnte neue

Witterungsberichte und Wettervoraussagen.

Ausläufer über die britischen Inseln nach Mitteleuropa vorgedrungen. Ein Teilminimum unter 702 mm ist über dem Norden der Nordsee erschienen. An der Nordsee werden während des Sturmes Gewittererscheinungen und Hagelböen beobachtet. Gestern $4^1/_2$ nachmittag — ganze Küste Warnung verlängert. Gefahr stark auffrischender südwestlicher Winde. Signalball. —"

Daß ein solches Minimum auch heftige Stürme verursacht und viele Opfer gefordert hat, ist selbstverständlich. Von den Opfern dürfte noch der englische Postdampfer „Berlin" in aller Erinnerung sein, der beim Einlaufen in den Hafen von Hoek van Holland während des Sturmes von den Wogen gegen den Molenkopf geworfen und von den schweren Seen zerschlagen wurde, einen großen Teil der Besatzung und Passagiere mit sich in die Tiefe ziehend.

Über den weiteren Verlauf des Minimum ist zu erwähnen, daß dasselbe ostwärts zog, sich allmählich verflachend. Am Morgen des 21. Februar stand es über Südschweden. Das Barometer war inzwischen bis 715 mm gestiegen.

Wir haben weiter oben gesehen, wie ein Wettervoraussagen auf Grund von meteorologischen Beobachtungen ermöglicht wird. Im Anschluß daran sei noch ein wenig erforschtes Gebiet kurz berührt, nämlich die Einflüsse von Mond und Sonne auf das Wetter und die Möglichkeit, auf deren Stellung zur Erde, Wettervoraussagen zu basieren. Gerade weil wir hier noch auf völlig schwankendem Boden stehen, ist es von besonderem Interesse, daß das Minimum vom 20. Februar auf diese Weise vorausgesagt worden ist. In einer kleinen Broschüre „Die Witterung des Jahres 1907"[1]) von M. Möller, ist nämlich auf die Wahrscheinlichkeit der Entstehung dieser Depression am 19. oder 20. Februar hingewiesen worden und zwar ist die Zeit aus der Stellung der Sonne zur Projektion der Erdachse auf die Bahnebene der Erde berechnet. Die Untersuchung dieser Einflüsse bieten der Wissenschaft ebenfalls noch ein weites Feld und die auf sie gebauten Wettervoraussagen, wenn sie sich weiter vervollkommnen lassen sollten, würden gewissermaßen Wettervoraussagen höherer Ordnung sein, außergewöhnliche Naturerscheinungen, wie es doch tiefe Minima sind, vorher verkündend. Aus den meteorologischen Erscheinungen der letzteren werden dann die mehr lokalen Witterungserscheinungen abgeleitet und vorhergesehen.

[1]) Verlag S. Hirzel, Leipzig.

Die Stürme.

Mit dem bisher Gesagten sind wir in der Lage, uns den Verlauf eines Sturmes bereits mit einiger Sachkenntnis anzusehen. Wir wollen hierzu einen typischen Fall, wie er gerade im Sommer auftreten mag, auswählen und uns hierbei an die Nordseeküste versetzt denken, wobei aber bemerkt werden soll, daß die Beschreibung für ganz Nord-Deutschland zutreffend ist und zwar nicht allein für Stürme, sondern für eintretendes schlechtes Wetter infolge von Minima überhaupt.

Der Spaziergänger an der Küste sieht eines Morgens vielleicht auf der fernen Signalstation oder beim Leuchtturm einen schwarzen Ball am Signalmast hängen. Das bedeutet für den Seefahrer „Achtung — Atmosphärische Störung — !" Die Seewarte hat hiermit das Herannahen eines größeren Minimum bekannt machen wollen, ist sich aber noch nicht über dessen Weg und die weitere Entwicklung klar. Ist die Signalstation eine größere, so liegt dort auch der Wetterbericht zur Einsicht, in dem es etwa heißt: „Tiefes Minimum westlich Schottland, Maximum Süd-Frankreich, Stürmische südwestliche Winde an der Nordseeküste wahrscheinlich. —"

Trotz dieser unheimlichen Prophezeiung ist aber noch das herrlichste Wetter, leichter Südwind und Sonnenschein. Würde der Beobachter jetzt das Barometer befragen, so würde er ein langsames Fallen desselben bemerken. Der im übrigen noch völlig klare Himmel zeigt nur im Westen hohe, feine Federwolken, die langsam heraufziehen. Doch lassen wir jetzt das hierin maßgebendste Buch, das Segelhandbuch für die Nordsee, das heißt die Seewarte mit ihren vieljährigen Erfahrungen, weiter sprechen:

„Bald beginnt jetzt das Barometer stärker zu sinken, und es gehen die Federwolken in ausgedehntere hohe, häufig noch faserige Schleier über, die zunächst noch sehr zart sind und den blauen Himmel noch durchschimmern lassen, oft auch nur in einzelnen Flecken auftreten, aber rasch an Ausdehnung und weiterhin auch an Dichte zunehmen. Die Höfe um Mond und Sonne, welche sie in ihrer ersten dünnsten Form hervorbringen, verschwinden bei ihrer Verdichtung bald, ja allmählich wird der Wolkenfilz so dicht, daß Sonne und Mond völlig verhüllt werden.

Einzelne abgelöste Fetzen dieser Wolkenmasse ziehen der Hauptmasse um 100 und mehr Seemeilen voran. Der Zug dieser äußeren Teile des Wolkenschirmes fällt mit der Fortpflanzungsrichtung der Depression ungefähr zusammen, oder liegt sogar etwas rechts von ihr. Ihre Richtung kann zunächst noch den auf der Erdoberfläche wehenden Winden direkt entgegengesetzt sein. Ist die Bewegung dieser Wolken eine sehr rasche, so darf man gewöhnlich eine tiefe und rasch fortschreitende Depression erwarten und muß auf starke Winde gefaßt sein.

Wenn das Depressionsgebiet sich noch mehr genähert hat, treten unter dieser hohen Wolkendecke niedrigere, rasch aus Südwest und Süd ziehende Wolkenmassen auf, welche sich bald zu ausgedehnten Regenwolken umbilden und anhaltenden Regen erzeugen bei rasch fallendem Barometer und hoher Luftwärme. Der Wind frischt hierbei allmählich auf und geht von Südost nach Süd und Südwest."

In dieser ersten Phase des heraufziehenden Sturmes befindet sich das Minimum noch in nordwestlicher Richtung von uns. Die weiteren Phasen verlaufen nicht mehr so gleichartig, da die Wege, die die Minima von England aus einschlagen, zu sehr verschieden sind. Im wesentlichen gestaltet sich aber die Entwicklung folgendermaßen:

Sobald das Minimum so weit vorgerückt ist, daß es in nördlicher Richtung von uns steht, geht der stürmisch wehende Südwestwind auf West über, es treten starke Böen ein. Aus dem gleichmäßig grauen Himmel werden Hängewolken, der bisher anhaltende starke Regen geht in einzelne Regenschauer über, zwischen denen aber schon die Sonne sich zuweilen hervorwagt.

Rückt das Minimum allmählich in nordöstliche Richtung von uns, beginnt es also sich zu entfernen, so geht der Wind nach Nordwest über und es wird jetzt empfindlich kälter. Der Nordwestwind hat zunächst, besonders während der Böen, noch stürmischen Charakter und flaut erst allmählich ab. Schließlich dreht der Wind auf Nordost, und es wird schönes Wetter, bis ein zweites Minimum heraufzieht.

Dies der Verlauf eines Sturmes ohne weitere Komplikationen, dessen Minimum die gebräuchlichste Straße vom Norden Englands nach Norwegen eingeschlagen hat, und bei dem ein Maximum etwa über Süd-Frankreich liegt.

Würde bei einem solchen Minimum die Lage des Maximum Deutschland selbst sein, so spürten wir von dem Minimum nördlich von uns überhaupt nichts.

Würde das Maximum hingegen im Südosten Europas stehen, so würde im südlichen Nord- und Ostsee-Gebiet nur feuchte, warme Luft, im nördlichen stürmisches Wetter herrschen.

Man sieht hieraus den außerordentlichen Einfluß, den auch die Lage des gleichzeitigen Maximum auf das Wetter ausübt. Berücksichtigt man ferner, daß das Maximum zwar im allgemeinen auch von Westen nach Osten wandert, aber mit einer geringeren Geschwindigkeit als das Minimum, so wird die unendliche Mannig-

Stürme.

faltigkeit der Stürme oder auch nur des schlechten Wetters bei einem Minimum leicht verständlich. — Selbstverständlich wird auch die Wettervorhersage dadurch beeinflußt und zwar in vielen Fällen erleichtert, denn aus Höhe und Lage des Maximum lassen sich wegen seiner größeren Stabilität ebenfalls wichtige Schlüsse ziehen, insbesondere trifft dies für die Seewarte zu, wo alle Fäden aus allen Ländern zusammenlaufen.

Nächst der beschriebenen Straße kommt besonders im Sommer häufig eine Zugstraße vor, die vom Kanal an der deutschen Küste entlang nach dem finnischen Meerbusen verläuft und Gewitter und veränderliche Winde meist ohne stürmischen Charakter anzeigt.

Unsere gewöhnlichen Sommergewitter haben aber hiermit nichts zu tun, sondern sind Begleiterscheinungen kleiner Minima, die irgendwo sich bilden, nur von lokaler Bedeutung sind und deren Bahn nur eine ganz kurze ist. Die meisten von ihnen sind in den Wetterkarten gar nicht erkennbar, da keiner der Beobachtungsstationen von ihnen berührt worden ist. Ist letzteres der Fall, so zeigt die betreffende Isobare wohl eine tiefe Ausbuchtung, den die Meteorologen Gewitterbeutel nennen. Die Ankündigung solcher örtlichen Störungen ist übrigens das ergiebigste Feld aller kleinen Wetterpropheten, die abgesehen von dem veränderlichen Aussehen der Atmosphäre und bestimmter Wolkenbildungen, bedingt durch lokale Einflüsse wie Bodenbeschaffenheit, Wasser, Wald, auch aus allen möglichen anderen Anzeichen, sogar dem Flug der Schwalben, ihre Schlüsse zu ziehen wissen.

Wir kommen jetzt zu zwei ausgesprochenen Sturm-Zugstraßen, die von den Minima zwar viel seltener als die bisher beschriebenen eingeschlagen werden, dafür aber in den meisten Fällen schwere westliche Stürme bedeuten.

Die eine dieser Zugstraßen geht von den Shetlandsinseln nach Südosten über Süd-Schweden. Das Maximum liegt dabei meist über Süd-England und an unserer Nordseeküste wehen besonders starke Nordweststürme. Ein solcher Sturm verursachte 1895 eine Sturmflut an der Nordseeküste, die Verfasser in Cuxhaven zu beobachten Gelegenheit gehabt hat und die unter Kapitel „Sturmfluten" näher behandelt werden soll.

Die zweite Straße geht von den Shetlandsinseln direkt nach Osten, das entsprechende Maximum liegt über den Alpen oder südwestlich davon.

Eine solche Bahn zog annähernd der große Sturm vom 12. und 13. März 1906, nur lag das Maximum noch weiter südlich, nämlich über Spanien. Dieser Sturm gehört zu den

Sturm vom 12. und 13. März 1906.

gefährlichsten, die unsere Nordseeküste seit Jahrhunderten gesehen hat und dürfte dort noch in Jahrzehnten nicht vergessen sein.

Die Wetterkarten 4—6 im Anhang und Wetterberichte der Seewarte geben über den meteorologischen Teil, über Bahn und Verlauf des Sturmes, Aufschluß.

Seewarte, den 11. März $9^{1}/_{2}$ Uhr abends: Ganze Küste gewarnt. Gefahr stark auffrischender rechtsdrehender Winde, zunächst aus südlicher Richtung. — Signalball — (d. h. Atmosphärische Störung).

Den 12. März 8 Uhr morgens: Eine Depression, welche gestern westlich von Schottland lag, ist mit zunehmender Tiefe ostwärts nach dem Skagerrak fortgeschritten und verursacht im südöstlichen Nordseegebiet vielfach Südweststurm. Am höchsten ist der Luftdruck über Südeuropa.

$9^{3}/_{4}$ Uhr morgens: Ostsee gewarnt. Gefahr stürmischer rechtsdrehender Winde; Signal „Südweststurm".

11 Uhr morgens: Nordsee gewarnt. Signal „Nordweststurm".

Den 13. März 8 Uhr morgens: Das Minimum, welches gestern über dem Skagerrak lag, ist nordostwärts nach dem bottnischen Busen fortgeschritten, während ein Hochdruckgebiet über Südwesteuropa erschienen ist. Eine neue Depression naht westlich von Irland.

$4^{1}/_{2}$ Uhr nachmittags: Ganze Küste Warnung verlängert. Gefahr stark böiger Winde aus westlichen Richtungen.

Den 14. März 8 Uhr morgens: An der deutschen Küste ist das Wetter ruhiger geworden usw.

Wie genau sich die Wirklichkeit mit der Theorie bei diesem Beispiel deckt, geht aus nachstehender kleinen Zusammenstellung von Beobachtungen an 5 verschiedenen Orten, die ungefähr in ost-westlicher Richtung zu einander liegen, hervor. Die eingetragenen Zahlen bedeuten dabei die ganzen Windstärken nach der Beaufortschen Skala.

Uhr-Zeiten	Helder		Borkum		Sylt		Swinemünde		Neufahrwasser	
11. März 2 Uhr nachm.	SW	7	S	4	SO	4	SO	6	SO	2
" " 8 " abends	SSW	8	SW	7	SSW	5	SO	9	SSO	3
12. " 8 " morgens	W	8	SW	9	SW	9	SSW	7	SSO	6
" " 8 " abends	WNW	8	W	9	W	7	W	6	SW	4
13. " 8 " morgens	WNW	6	NW	9	NW	7	W	5	SW	7
" " 8 " abends	NW	5	NW	7	W	7	W	5	WSW	8
14. " 8 " morgens	NW	2	NW	5	W	4	W	4	SSW	3

Teilminima.

Liest man in der Zusammenstellung die Rubriken von oben nach unten, so sieht man, wie sich der Sturm an den einzelnen Orten, nur zu verschiedenen Zeiten, fast gleichartig und zwar in der eingangs beschriebenen Weise abgespielt hat; das Außerordentliche an ihm war eigentlich nur die lange Dauer. Liest man die Rubriken von links nach rechts, so wird ersichtlich, wie die Windrichtungen, genau der Theorie entsprechend, je nach der Lage des Ortes zum Minimum von einander verschieden sind, sodaß man hieraus sogar den Standort des Minimum zu den betreffenden Zeiten würde bestimmen können. Über die Gefährlichkeit und die Verheerungen, die gerade dieser Sturm an den Küsten angerichtet hat, ist unter „Sturmfluten" das Nähere angeführt.

Ließ sich in den bisher dargestellten Eigenschaften der Minima und Maxima und ihrer Zugstraßen auf Grund vieljähriger Beobachtungen noch eine gewisse Gesetzmäßigkeit erkennen, so wird dies völlig unmöglich bei ihren Begleiterscheinungen, den sogenannten Teilminima, die auf Verlauf und Dauer der Stürme von größtem Einfluß sind.

Hiermit hat es folgende Bewandtnis: Teilminima erscheinen im Gefolge und Bereich der großen Minima. — Sie trennen sich entweder von demselben ab oder sie entstehen in seinem Rücken und schreiten häufig weit schneller fort als das eigentliche Minimum. Es kommt auch häufig vor, daß, während sich das Hauptminimum allmählich verflacht, das Teilminimum rasch an Tiefe zunimmt und auf diese Weise ein Wiederauffrischen des Sturmes oder ein Zurückdrehen desselben verursacht. — Ersteres, das Wiederauffrischen, geschieht meist, wenn das Hauptminimum bereits nordöstlich von uns steht, seine Richtung zu uns also sich nicht mehr ändert. Der bestehende Nordweststurm weht dann nur um so anhaltender.

Das Zurückdrehen des Windes tritt ein, wenn sich Teilminima bilden, solange das Minimum noch nordwestlich oder nördlich von uns steht. Die dadurch verursachte Änderung des Wetters dürfte den meisten Lesern, wenn auch ohne den Zusammmenhang zu kennen, schon häufig aufgefallen sein: „Der Himmel, der sich bereits etwas aufgeklärt hatte, bezieht sich wiederum mit dunklen Regenwolken und der Regen beginnt von neuem; der Sturm oder der stürmische Wind geht von Nordwest wieder mehr nach West oder von West nach Südwest zurück, hierbei an Stärke wieder zunehmend." Der Seemann hat für diese Erscheinung den Ausdruck „Krimpen des Windes."

Ein vorzüglicher und untrüglicher Anzeiger des Vorgangs ist das Barometer, das beim kleinsten Zurückspringen des Windes

Häufigkeit der Stürme.

auch wieder zu fallen beginnt. Für unsere Nordseeküste bedeuten die Teilminima eine unheimliche Verstärkung und Verlängerung von Sturm und Sturmfluten, denen der Untergang eines großen Teils der Küste zuzuschreiben ist.

Mit den bisher aufgeführten Sturmbahnen hatten wir es immer nur mit Stürmen zu tun, bei denen das Minimum nördlich von uns vorbeizieht. Völlig anders gestaltet sich das Bild, wenn der weit seltenere Fall eintritt, daß das Minimum südlich von uns passiert. Das Maximum liegt dann meist nördlich und wir haben östliche und nordöstliche Winde.

Eine merkwürdige, zwar ebenfalls seltene, aber dafür um so gefährlichere Zugstraße für das Binnenland und für die westliche Ostsee geht vom Adriatischen Meer nach dem finnischen Meerbusen quer durch das östliche Deutschland. Die Minima dieser Straße kommen meist im Winter und Frühjahr vor und verursachen für das östliche Deutschland häufig schwere Schneestürme und für die westliche Ostsee bei längerer Dauer Sturmfluten. Ein derartiger sturmartiger Wind, vom 23. März 1906, ist unter „Sturmfluten" beschrieben.

Wir hatten bis jetzt wohl die Stürme und ihre Sturmbahnen, aber ihren eigentlichen inneren Kern, das Zentrum, noch nicht besprochen; es hat auch nur wenig Interessantes an sich und können wir uns deshalb kurz fassen:

Im Zentrum, das sich bei den bei uns vorkommenden Minima auf ziemlich große Gebiete erstrecken kann, ist das Wetter meist unbeständig; am häufigsten ist hier Windstille und Regen. — Hat das Zentrum einen Ort passiert, so wehen alsbald über diesem die entgegengesetzten Winde als auf der anderen Seite und das Barometer beginnt zu steigen, je mehr sich das Zentrum entfernt. Diese Erscheinung tritt bei uns meist nicht scharf zu Tage; anders ist es bei den Depressionen in den Tropen, den Tornados, Cyklonen und Taifunen, die sich über viel kleinere Gebiete erstrecken, dafür aber um so heftiger wehen. Bei diesen hört der orkanartige Sturm plötzlich auf, es tritt absolute Windstille ein bei furchtbar ungleichmäßiger See und wolkenbruchartigem Regen bis ebenso plötzlich, aber aus entgegengesetzter Richtung, der Orkan von neuem anhebt.

Über die Häufigkeit der Stürme sagt uns die Statistik Folgendes:

Die stürmischste Zeit im Jahr ist der Winter; erst mit dem Monat April beginnt überall eine bedeutende Abnahme der stürmischen Winde, um erst im Oktober wieder in stärkerem Maße zuzunehmen. Auf das ganze Jahr bezogen, entfallen von allen Winden verschiedener Stärke 41% auf die leichten und

41% auf die mäßigen, 3% auf die stürmischen Winde und nur 1/2% auf die eigentlichen schweren Stürme.

Für die einzelnen Orte weichen diese Zahlen mehr oder weniger von einander ab. So ist nach dem Segelhandbuch für die Nordsee im Juli auf Borkum an 2,8 Tagen stürmisches Wetter von Windstärke 8 und darüber, in Sylt nur an einem Tag; noch größer ist der Unterschied im Monat August, in dem auf Borkum an 4,2 Tagen, auf Sylt an 1,1 Tagen stürmische Winde wehen.

Ähnlich bedeutend sind die Unterschiede an den verschiedenen Orten der Ostseeküste. Hier wehen auf der Halbinsel Hela am häufigsten stürmische Winde, dann kommt die Nordspitze von Rügen, während die ganze übrige Küste kaum die Hälfte der stürmischen Winde von Hela aufzuweisen hat.

Nach einer anderen Berechnung in dem Handbuch der Meteorologie von v. Bebber wehen Stürme über Windstärke 8

	im Juli	August	Januar
auf Sylt	an 2 Tagen	an 2 Tagen	an 4 Tagen
in Swinemünde	an 1	an 2 „	an 4
in Memel	an 1	an 2	an 5

Sturmsignale.

Das Herannahen eines Sturmes wird allen Küstenorten sowie den Leuchttürmen, Signalstationen und Feuerschiffen von der Seewarte telegraphiert, worauf überall die entsprechenden, weithin sichtbaren Sturmsignale an den Signalmasten gehißt werden. Die Bedeutung dieser Signale ist den Küstenbewohnern und jedem Seemann, auch denen fremder Nationen genau bekannt. Es bedeuten:

1 schwarzer Ball   Achtung! Atmosphärische Störung
1 schwarzer Kegel mit der Spitze nach unten Südwest-Sturm
2   „   „   Südost-Sturm
1   „   nach oben Nordwest-Sturm
2 „ „ „ „ „ „ Nordost-Sturm

Die Signale beziehen sich hierbei nicht auf den betreffenden Ort allein, sondern es soll damit nur gesagt sein, daß in der Umgebung dieses Ortes innerhalb eines Raumumfanges von etwa 100 Seemeilen Halbmesser ein Sturm aus der betreffenden Richtung zu erwarten ist. — Der Hauptwert dieser Signale liegt darin, daß sie die Schiffe und von diesen besonders die kleinen Segelschiffe und die Fischerfahrzeuge, die in See gehen wollen, warnt und im sicheren Hafen zurückhält. Allein hierdurch haben sie sicherlich schon manches Schiff und viele Menschenleben vor dem Untergang bewahrt.

In diesem meteorologischen Abschnitt des Buches hat vieles nur angedeutet werden können und manches ist vielleicht anscheinend zu eingehend behandelt worden. Der Leser möge aber dabei berücksichtigen, daß das Ganze weniger von dem Gesichtspunkte aus geschrieben ist, zu belehren als das Interesse für eigene meteorologische Beobachtungen zu erwecken.

Wenn unsere Vorväter in der dumpfen, guten alten Zeit sich nicht um Natur, um Wind und Wolken gekümmert haben, so hatten sie wenigstens die Entschuldigung, daß es ihnen an den nötigen Hilfsmitteln fehlte. Wir aber, mit dem vorzüglichsten Material an Instrumenten, dem schnellsten Nachrichtendienst und großen Fortschritten in der Wissenschaft der Meteorologie, könnten diesem Gebiete des Wissens wahrlich größeres Interesse und mehr Verständnis entgegenbringen als wie es in Wirklichkeit der Fall ist, umsomehr als in der Großstadt Witterung und Wolken eigentlich das einzige sind, was von Gottes herrlicher Natur noch zu sehen ist und beobachtet werden kann.

Unsere Meere.

Die Nordsee.

Von Geologen ist die Behauptung aufgestellt worden, daß das Nordseebecken wahrscheinlich einen versunkenen Teil unseres Kontinents darstellt, dessen frühere Küsten von Norwegen über die Shetlandsinseln, dann außerhalb der Hebriden und westlich von Irland bis nach dem Golf von Biskaya sich erstreckt haben. Nur ein schmaler Fjord an der norwegischen Küste von damals 100—200 m Tiefe hat in dieses Festland bis weit in das Skagerrac hineingeragt.

All dies würden wir jetzt mit unseren eigenen Augen sehen, wenn sich der Meeresboden um 150 m heben oder der Wasserspiegel um ebenso viel senken würde. Dann würde sich der größere nördliche Teil der Nordsee als ein ziemlich ebenes, nach Norden allmählich abfallendes Tiefland darstellen, das nach Süden durch eine flache Hügelkette abgeschlossen ist, die sich quer über die Nordsee, ungefähr in der Linie Hull—Sylt, hinzieht; Überreste dieser Hügelkette bildet jetzt die sogenannte Doggerbank. — Das südlich hiervon gelegene Land würde sich als ein etwas höheres Flachland darstellen, das noch Jahrtausende später über dem Meere hervorragte, als der niedrigere nördlichere Teil längst in die Tiefe gesunken war. In einer späteren Epoche ist dies Flachland, das England mit dem Festlande verband, ebenfalls versunken und der letzte Rest schließlich nach der Sage von den Meeresfluten durchbrochen worden. England ward zur Insel, und von beiden Seiten konnten die Fluten des Atlantischen Oceans in die Nordsee hineinströmen und so mit verdoppelter Gewalt gegen ihre östliche Küste eindringen. Von diesem Zeitpunkt ab beginnt der Zerstörungsprozeß unserer Nordseeküste.

Den beschriebenen früheren Verhältnissen entsprechend stellen sich die Meerestiefen der Nordsee folgendermaßen.

Die Meerestiefe.

Um Norwegen herum liegt ein 6—8 deutsche Meilen breiter Streifen Wassers von 300 — 400 m Tiefe. Auf der nördlichen Grenze zwischen den Shetlands-Inseln und der tiefen Rinne bei Norwegen beträgt die Tiefe etwa 150 m, um von da ab nach Süden allmählich abzunehmen. Auf 56° Breite haben wir noch

Meerestiefen.

im westlichen Teil der Nordsee und in der Mitte 70—80 m, im östlichen Teil 30—50 m Tiefe.

Südlich von dieser Linie liegt die Doggerbank, die halbe Breite der Nordsee einnehmend. Auf ihr sind nur Tiefen von 15—35 m, so daß man bei starkem Sturm und hohem Seegang mitten auf See die unheimliche Erscheinung brandender Wellen, sogenannter Brecher, beobachten kann; auf den flachsten Stellen der Bank sind tiefgehende Schiffe sogar in Gefahr, beim Eintauchen in ein Wellental während des Sturmes mitten in der Nordsee auf Grund zu stoßen.

Die Tiefenverhältnisse an unserer Küste gestalten sich folgendermaßen: Das Land fällt unter Wasser nur mit sehr flacher Steigung ab, so daß die Tiefe von 35 m fast überall erst auf einer Entfernung von 12—15 deutschen Meilen von der Strandlinie erreicht wird. — Die Tiefe von 20 m reicht an die westlichen Inseln Wangeroog, Norderney, Borkum näher heran, nämlich auf 1—2 deutsche Meilen, als an die nördlichen Inseln, von Sylt ist sie etwa 4 Meilen entfernt; dahingegen tritt hier wieder die 10 m Tiefengrenze dicht an das Ufer heran, so daß bei Sylt große Schiffe dicht am Strande ankern könnten.

Der erste Eindruck beim Lesen dieser Zeilen dürfte der sein, daß unsere Nordsee doch eigentlich nur ein unbedeutendes Gewässer sein kann und so manchem schwindet nur zu leicht die Hochachtung vor der Majestät des Meeres, wenn er an Vergleichen mit unseren Großstadthäusern mit ihren 20 bis 30 m Höhe, sich klar macht, wie flach eigentlich unsere Nordsee und Ostsee sind. Das ändert sich aber, sobald er nur erst die Macht des Meeres beim Sturm mit eigenen Augen zu sehen Gelegenheit hat.

Der Meeresboden.

Die Nordsee steht in bezug auf Verchiedenheit und Mannigfaltigkeit ihres Grundes gegenüber allen anderen Meeren einzig da und muß, als sie noch Festland war, eine Musterkarte der verschiedsnartigsten Flora gewesen sein. Von einzelnen Stellen des flacheren Teils an der schleswig-holsteinischen Küste wissen wir aus den gemachten Funden, daß hier große Wälder gestanden haben, an anderen Stellen sind Moor- und Torfbildungen nachzuweisen; im übrigen besteht der Grund der Nordsee in bunter Abwechselung aus Kies, Lehm, Muscheln, Riffgrund, Sand, Schlick, Steinen und Ton, die sich je nach der Gegend durch verschiedene Farben unterscheiden. All diese verschiedenen Bodenarten kommen nun sowohl einzeln, wie mit anderen gemischt vor. Die Seekarten geben hierüber sowie gleichzeitig über die Tiefe

Strömungen, Salzgehalt und Meeresniveau — Temperatur.

den genauesten Aufschluß, so daß der Seemann über die Bodenbeschaffenheit der Nordsee viel genauer orientiert ist als es irgend ein Landbewohner über sein engeres Vaterland, seine Provinz, seinen Kreis, sein kann.

Das hat aber auch seinen besonderen Grund, denn dem Seemann liegt daran, jederzeit zu wissen, wo er sich befindet und dies wird ihm durch die genauen Kartenangaben in Verbindung mit der außerordentlichen Verschiedenheit des Grundes ermöglicht. Er wird hierdurch, im Gegensatz zu allen anderen Meeren, in den Stand gesetzt, sich in der Nordsee nur nach Lotungen und Grundproben zurechtzufinden, so daß der Weg von Skagen nach dem Kanal oder nach Hamburg und Bremen auch bei Nebel und schlechtem Wetter und ohne ein Gestirn zu beobachten oder Land in Sicht zu bekommen, gefunden werden kann. — Das Verfahren hierbei besteht darin, daß man in bestimmten Abständen lotet und immer gleichzeitig Grundproben heraufholt. Die Angaben nebst dem zurückgelegten Schiffsweg werden dann auf Pauspapier im Maßstabe der Karte vermerkt und mit letzterer verglichen und dies so lange fortgesetzt, bis der Ort des Schiffes in der Karte aufgefunden ist. Die Grundprobe verschafft man sich dabei auf die sehr einfache Weise, daß das Lot unten mit Talg beschmiert wird, auf dem sich dann etwas vom Grunde ansetzt. Einmal ist dabei in des Verfassers Praxis auch mal ein Hosenknopf am Talg klebend gefunden worden, aber der brachte einem Kadetten 24 Stunden Arrest, muß wohl also nicht mit aus der Tiefe herausgezogen worden sein.

Was auf einem Dampfer mit Hilfe einer guten Karte und bei schneller und gleichmäßiger Fortbewegung leicht ausführbar ist, ist für Fischerboote, deren Ortsveränderung gering und die je nach Strömung und Wind hierher und dorthin vertrieben werden, außerordentlich schwierig. Hier muß dann langjährige Erfahrung eintreten. Von alten Nordseefischern sagt man, daß sie allein schon aus der Farbe des Wassers, die ja auch vom Grunde abhängt, und mit Hilfe des Lotes jederzeit, selbst nach mehrtägigem Umhertreiben im Sturm oder Nebel, genau wissen, wo sie sich befinden.

Die Temperatur des Nordseewassers und der Golfstrom.

Zwanzigjährige Messungen haben ergeben, daß das Wasser der Nordsee wärmer ist, als die Luft über ihr und zwar beträgt der Unterschied bei Borkum, Helgoland und Sylt 1,5° Celsius. Es ist dies selbstverständlich der Durchschnitt für das ganze Jahr; in den einzelnen Jahreszeiten treten ganz verschiedene Ver-

Temperatur.

hältnisse ein. Bevor auf diese näher eingegangen wird, seien zunächst die Ursachen klar gelegt, durch die die Nordsee gewissermaßen der Heizofen für uns geworden ist:

Von Norden und Nordwesten her zweigt sich zwischen den Orkney-Inseln, Shetland-Inseln und Norwegen ein Arm der sogenannten Golfstromdrift, die um England herum auf Norwegen hinzu ihre Bahn zieht, nach Südwesten ab und dringt in die Nordsee. Sie bringt derselben nicht allein das warme salzhaltige Wasser des Golfstroms, sondern verriegelt sie auch gegen kalte von Norden kommende Strömungen, wie sie an den Ostküsten von Nordamerika und Asien gen Süden ziehen und das dortige Klima so unwirtlich machen. Es ist hiernach auch leicht verständlich, daß die Nordsee durch das Golfstromwasser in der Mitte, fern von den kälteren sie umkränzenden Ländern, eine gleichmäßigere und höhere Jahrestemperatur aufweist als an den Seiten.

Über die Wassertemperatur der unteren Schichten sei kurz erwähnt, daß im allgemeinen im Sommer die Temperatur nach der Tiefe zu abnimmt, im Winter dahingegen zunimmt. Es ist dies eine Folge der Einwirkung der kälteren oder wärmeren Lufttemperatur auf die oberen Wasserschichten. Die Unterschiede sind allerdings gering; als Beispiel sei angeführt, daß das Wasser bei Borkum im Januar auf 22 m Tiefe um $0,2^0$ wärmer, im August um $1,2^0$ kälter ist als das an der Oberfläche.

Die Oberflächen-Temperatur hängt ganz von der Örtlichkeit ab. So beträgt z. B. im Januar die Temperatur des Wassers vor der Elbmündung 2^0, in der Nordsee-Mitte 5^0, bei den Shetlands-Inseln in dem kompakteren Golfstromwasser $6-7^0$, trotzdem die Shetlands-Inseln 6 Breitengrade, also 90 deutsche Meilen, nördlicher liegen als die Elbmündung. Im Sommer ist durch die stärkere Erwärmung des Landes das Umgekehrte der Fall, 17^0 Wassertemperatur an der Elbmündung entsprechen dann 12^0 bei den Shetlands-Inseln.

Zum Schluß sei nachstehende kleine Zusammenstellung der Temperaturen des Seewassers der am weitesten auseinander liegenden deutschen Nordseebäder angeführt.

Ort	Januar	Juli	August	Jahresmittel
Sylt	$1,5^0$	$17,5^0$	$17,4^0$	$9,0^0$
Helgoland	$3,7^0$	$15,7^0$	$16,8^0$	$9,4^0$
Borkum	$3,6^0$	$16,5^0$	$18,6^0$	$9,9^0$

Die Tabelle zeigt, daß das Wasser bei Helgoland im Sommer kälter, im Winter wärmer ist, als bei Borkum und Sylt, eine Erscheinung, die sich nach den obigen Ausführungen leicht

Temperatur — Salzgehalt.

durch die Nähe des im Winter kälteren, im Sommer wärmeren Landes erklären läßt. Vergleiche zwischen den Temperaturen der Nordsee und denen der Ostsee sind bei dem Abschnitt „Ostsee" angegeben.

Der Salzgehalt.

Allgemein gilt für den Salzgesalt der Nordsee, daß das Wasser dort am salzhaltigsten ist, wo die atlantische Golfstrom-Wassermasse sich noch nicht mit anderem vermischt hat. Das Golfstromwasser reicht nun zungenförmig nach Süden in die Nordsee hinein, sich möglichst in der Mitte und gleich weit vom Lande entfernt haltend; dementsprechend ist auch der Salzgehalt. Nach der Doggerbank zu nimmt er allmählich ab, um südlich davon nach dem Kanal zu wieder durch das von dort kommende Atlantikwasser anzuschwellen.

In der Mitte der Nordsee hat das Wasser im Jahresdurchschnitt einen Salzgehalt von 3,5 %; an unserer Küste haben wir ungefähr 3,2 %; das Jahresmittel beträgt bei Sylt 3,09 %, bei Helgoland 3,28 %.

Der Salzgehalt schwankt je nach der Jahreszeit, so ist er im Juli bei Sylt und Helgoland gleich; dagegen ist im Januar das Wasser bei Helgoland salzhaltiger als bei Sylt und salzhaltiger als im Sommer.

Die Ostsee.

Über die Entstehung der Ostsee ist die Wissenschaft zu übereinstimmenden Ansichten noch nicht gekommen: als feststehend wird nur angenommen, daß in der Tertiärzeit die Ostsee Festland gewesen ist. Über die Entwicklung während der Diluvialzeit gehen die Ansichten weit auseinander; für das Wahrscheinlichste hält man, daß die östliche Ostsee mit dem Weißen Meer in Verbindung gestanden hat und von dem westlichen Teil durch eine Landbrücke getrennt war. Durch unregelmäßige Hebungen und Senkungen der Erdrinde ist dann die jetzige Formation entstanden, worüber ein genaues Bild sich zu machen, erst weiteren Forschungen vorbehalten sein dürfte.

Manche Gelehrten sind aber weiter gegangen und haben aus der jetzigen Formation der Ostsee und ihrer Küsten verschiedene Hypothesen über ihre einzelnen Entwicklungsphasen aufgestellt, von denen eine aus dem kleinen Werk von Bertouch[1]) durch ihre Einfachheit und Originalität sich auszeichnet und deshalb hier angeführt werden soll.

Danach war von der Ostsee zuerst nur der Bottnische Meerbusen vorhanden und zwar als ein Teil des Weißen Meeres,

(1 Die nordischen Fluten und ihre Folgen.

Die Ostsee.

das nach Süden durch eine Felsbarriere abgeschlossen wurde; der westliche Teil der jetzigen Ostsee gehörte zur Nordsee, die bis zur Linie Rügen — Moen reichte; der mittlere Teil war Land. Von der cimbrischen Halbinsel, also Schleswig-Holstein und Jütland, war nur eine Reihe von Sandbänken und Dünen vorhanden, die sich von Süden in die Nordsee hinein vorstreckten und an verschiedenen Stellen durch tiefere Durchbrüche durchschnitten wurden. Überbleibsel davon sollen der Liimfiord, der durch die Sturmflut 1825 wiederum durchbrochen ist, und der Einschnitt zwischen Husum und Schleswig sein.

Eine ungeheure Flut, die sogenannte erste baltische Flut, vielleicht auch eine Reihe von Fluten im Laufe von Jahrtausenden, die vom Weißen Meer her gen Süden vordrang, durchbrach die Felsenkette südlich des Bottnischen Meerbusens und riß den Rigaischen Meerbusen aus dem Lande heraus. Überreste der ersteren sind die jetzigen Älandsinseln, des Landes unter dem Rigaischen Meerbusen die Inseln Oesel und Dagö. Spätere Fluten haben dann Rügen von der Halbinsel Moen getrennt und hiermit ward Nordsee und Weißes Meer mit einander verbunden, zugleich aber auch wieder der Grundstein gelegt zu ihrer Trennung, da die Sandmassen, die die Wogen der Ostsee infolge von nach Westen gerichteten Strömungen mit sich führten, die zwischen ihnen und dem tieferen Teil der Nordsee gelegenen Sandbänke und Untiefen erhöhten, die Durchgänge verschlossen und so die zimbrische Halbinsel erstehen ließen.

Durch Versandung und vor allem durch Hebung des Bodens ist später auch die Verbindung zwischen Weißem Meer und Ostsee verloren gegangen. Der frühere Meeresboden ist jetzt Sumpf, Überreste der ehemaligen Verbindung sind die beiden größten Binnenlandsseen Europas, der Ladoga- und der Onega-See. Weitere Hebungen und Senkungen des Landes haben dann die jetzige Formation der Ostsee hervorgerufen.

Als ein Hauptargument für diese Entstehungsgeschichte der Ostsee wird auch angeführt, daß ihre größten Tiefen nicht im westlichen Teil, also nach dem Atlantischen Ocean zu, zu finden sind, sondern im Osten und zwar im Bottnischen Meerbusen, dem angeblich früheren Teil des weißen Meeres.

Die Frage, ob oder inwieweit diese Hypothesen richtig sind und wann die großen Umwälzungen vor sich gegangen sind, wird wohl nie beantwortet werden. Aus Funden von Steingeräten bei Ausgrabungen in Schweden hat man den Schluß ziehen wollen, daß zu den Zeiten bereits Menschen die Küsten bewohnt haben, eine Behauptung, die natürlich als ebenso wenig erwiesen angesehen werden kann als wie die obige

Hypothese über die Entstehung der Ostsee überhaupt. — Doch nunmehr von der dunklen Vergangenheit zu den gegenwärtigen nicht umstrittenen Verhältnissen, die wir vor Augen haben und die uns direkt angehen.

Die Meerestiefe.

Die Ostsee ist ebenso wie die Nordsee im Vergleich zu anderen Meeren als ein recht flaches Meer anzusehen. Ihre geringste Tiefe hat sie in ihrem westlichen Teil. Westlich von Rügen beträgt sie im Durchschnitt 25 m, jedoch finden sich mitten auf See vielfach Stellen von nur 10—15 m. Nach Osten nimmt die Tiefe allmählich zu, erreicht aber auf dem ganzen Gebiet westlich von Bornholm noch nicht 55 m. — Östlich von Bornholm hält sich die Tiefe sehr unregelmäßig zwischen 60 m und 100 m, nimmt dann, nach Nordosten hin, zu bis auf 130—150 m. Die tiefsten Stellen befinden sich östlich und nordwestlich von Gotland mit 245—320 m.

Größere Untiefen befinden sich vor den Flußmündungen infolge Ablagerung der von den Flüssen mitgeführten Sandmassen; diese Untiefen erstrecken sich zum Teil weit in die See hinein. So liegt z. B. vor Swinemünde einige Meilen nach See zu die sogenannte Oderbank, die an manchen Stellen so flach ist, daß sie von größeren Schiffen nicht passiert werden kann; ihre größte Ausdehnung in nord-südlicher Richtung beträgt vier deutsche Meilen, von Osten nach Westen hin etwa die Hälfte.

Am Strande sind die Tiefenverhältnisse außerordentlich gleichmäßig und zwar fällt die Küste im Vergleich mit anderen Meeren ziemlich steil ab. Die 10 m Grenze ist meist nur 200 bis 500 m vom Ufer entfernt, so daß die größten Schiffe in dieser Entfernung von der Küste ankern könnten; näher an den Strand heran werden vielfach Steinhaufen gefunden; die 10 m Grenze wird daher von größeren Schiffen nicht gern überschritten.

Der Meeresboden.

Der Meeresboden zeigt im Allgemeinen nicht die große Mannigfaltigkeit desjenigen der Nordsee: Auf größeren Tiefen, welche mehr als 50 m betragen, also östlich von Bornholm, findet man fast durchgehends weichen Schlick von bräuner oder grauer Farbe oder harten Ton. Auf den flacheren Stellen sowie auf den von den Flüssen angeschwemmten Bänken und nach den flacher werdenden Ufern der Küste zu, wird meist feiner, je

Meeresboden (Ostsee).

nach der Gegend verschiedenfarbiger Sand mit kleinen Steinen angetroffen.

Sind es in der Nordsee, abgesehen von Sturmfluten, vornehmlich Ebbe und Flut, die im Laufe der Jahrtausende durch ihr Mitschleppen des Grundes zu Änderungen des Meeresbodens in der Nähe der Küsten beitragen, so ist es in der Ostsee das Eis, das hier ein ähnliches Werk, allerdings in ganz anderer Weise, verrichtet und zwar ist dies besonders an der russischen Küste der Fall: Im nördlichen Teil der Ostsee friert das Eis mit dem am flachen Ufer liegenden Gestein oder von dem steilen Ufer abgesprungenen Felsstücken zusammen; bei steigendem Wasser infolge des Windes hebt es dieselben und führt sie je nach dem Winde mit sich fort. Diese Erscheinung ist vielfach an der russischen Küste beobachtet, große Felsstöcke sind dort auf den Eisschollen schwimmend gesehen worden. Ähnliche Erscheinungen sind auch im Sund beobachtet, wo gesunkene Schiffe nach einigen Jahrzehnten von Tauchern mit Steinen bedeckt wieder aufgefunden worden sind. — Übrigens sei hier daran erinnert, daß denselben Ursachen früher auch das Vorkommen der erratischen Blöcke oder Findlinge auf unsern Äckern zugeschrieben wurde. Neuerdings hat man diese sogenannte Drift-Theorie verlassen und an ihre Stelle die wohl an Gewißheit grenzende Glazial-Theorie aufgestellt. Danach sind die erratischen Blöcke durch Vergletscherung Norddeutschlands von den norwegischen Gebirgen her zu uns gebracht worden. Als Beweis wird die Gleichartigkeit der Steine mit den dortigen Gesteinmassen angeführt.

Zum Schluß sei noch eine eigenartige Ursache, die in der westlichen Ostsee zu Veränderungen des Meeresbodens beiträgt, erwähnt, nämlich die sogenannten schwimmenden Steine, von denen kein Lehrbuch etwas zu berichten weiß und die doch jedem Kinde an der Küste bekannt sind! Es gibt hier nämlich Wasserpflanzen, die sich mit ihren Wurzeln auf dem Meeresgrund festsetzen und später in der Blütezeit Bläschen bilden, dadurch an die Oberfläche kommen und nun durch Wind und Strömung vertrieben werden. Bei dem Aufschwimmen lassen die Wurzeln der Pflanze die Steinchen, an denen sie sich festgehalten haben, nicht los, sondern nehmen sie vermöge des starken Auftriebs der Pflanze mit in die Höhe und führen sie mit sich fort. Diesen kleinen sogenannten schwimmenden Steinen, die die Größe einer Erbse kaum erreichen, wird eine bedeutende Mitwirkung bei den anders gar nicht erklärlichen, kleineren Tiefenänderungen an einzelnen Stellen der Küste zugeschrieben.

Strömungen, Salzgehalt und Meeresniveau.

Die Ostsee entwässert ein Landgebiet, das ungefähr viermal größer ist als sie selbst. Die großen Flüsse Oder, Weichsel, Düna, Newa und eine Anzahl kleinerer, besonders aus Finnland und Schweden bringen ihr so viel Wasser zu, daß ein Abfluß nach der Nordsee stattfinden muß; die Folge davon ist eine schwache Strömung von Osten nach Westen, die am stärksten im Frühjahr nach dem Auftauen der Flüsse in Rußland und im Sommer ist, am schwächsten im Winter, wenn alle Zuflüsse im Osten zu Eis erstarrt sind.

Deutlich erkennbar tritt diese Strömung in den Eingangstüren, dem Sund und den Belten, zu Tage, wobei eine eigenartige Naturerscheinung beobachtet werden kann: Während nämlich an der Oberfläche das wegen seines geringeren Salzgehalts leichtere Ostseewasser nach Norden abfließt, zwängt sich in größerer Tiefe das schwerere salzhaltige Nordseewasser in die Ostsee hinein. Zeitweilig dehnt sich das Nordseewasser auch an der Oberfläche aus und verdrängt das entgegenkommende Ostseewasser nach den Seiten zu. Die Erscheinung hat man sowohl im Sund wie im großen Belt beobachtet, durch welchen letzteren, da er breiter und tiefer ist, die Hauptmasse des salzigen Nordseewassers in die Ostsee eindringt; der kleine Belt kommt hierbei wegen einiger ganz schmaler Stellen kaum inbetracht.

Das eingedrungene Nordseewasser verbreitet sich nun vornehmlich im westlichen Teil der Ostsee und gibt diesem den verhältnismäßig hohen Salzgehalt, der neben dem eigenartigen Schlickgrund als die Ursache des kolossalen Fischreichtums in diesem Teil der Ostsee angesehen wird. Nach Osten zu nimmt der Salzgehalt schnell ab, überall aber ist das Wasser in den unteren Schichten bedeutend salzhaltiger als in den oberen, so hat man bei Fehmarn an der Oberfläche 1% Salzgehalt, auf 25 m Tiefe an derselben Stelle aber $2,5\%$ gemessen.

Der mittlere Salzgehalt des Oberflächenwassers beträgt nach einer Reihe von Beobachtungen

in Kiel	$1,6\%$
Travemünde	$1,4\%$
Warnemünde	$1,15\%$
Lohme (bei Jasmund)	$0,86\%$
„ Hela	$0,65\%$

Strömungen, Salzgehalt und Meeresniveau (Ostsee).

Diese Werte ändern sich nun je nach der Menge des in die Ostsee eingedrungenen Nordseewassers, die ihrerseits wieder abhängig ist von den herrschenden Winden. Starke Nordwest- und Westwinde bringen mehr Nordseewasser in die Ostsee hinein und verringern gleichzeitig den Abfluß des Ostseewassers, der Salzgehalt wird stärker und das Meeresniveau der Ostsee steigt. Nach dem Aufhören des Windes strömt das Wasser um so stärker durch Sund und Belte zurück, zu solchen Zeiten werden dort Strömungen von über 1 deutschen Meile in der Stunde beobachtet, ebenso bei starken Süd- und Südostwinden.

In dem schmalen Ostseebecken üben die Winde aber noch in anderer Weise Wirkungen auf Wasserstand und Strömungen aus: Sobald nämlich der Wind längere Zeit aus einer bestimmten Richtung weht, treibt er das Wasser vor sich her, sodaß jedesmal an der einen Küste ein Anschwellen des Meeresniveaus, an der gegenüberliegenden ein Sinken desselben stattfindet. Es kommt sogar vor, daß das Steigen des Wassers dem erst später eintretenden Winde vorangeht, sodaß man hieraus sichere Schlüsse auf den bevorstehenden Wind machen kann. — Am stärksten macht sich der Einfluß des Windes auf den Wasserstand in dem flachen und engen westlichen Teil der Ostsee bemerkbar und zwar ist es besonders der Nordostwind, der ein sofortiges bedeutendes Steigen an der holsteinischen, mecklenburgischen und westlichen pommerschen Küste verursacht. An der freieren pommerschen Küste östlich von Swinemünde und der preußischen Küste ist die Höhe des Wasserstandes gleichmäßiger.

An der pommerschen Küste kommt zuweilen, ganz unabhängig von dem Winde, ein plötzliches Steigen des Wassers vor, verbunden mit donnerartigem Geräusch, das von den Küstenbewohnern „Seebär" genannt wird und die Volksphantasie von Alters her aufgeregt hat. Ein Beispiel dieser Erscheinung erwähnt Dr. Lehmann in seiner Schrift „Pommerns Küste von der Dievenow bis zum Dars" Mitte des vorigen Jahrhunderts: „Bei einer Fahrt längs des Strandes von Colberg nach Cöslin vernahm der Berichterstatter unerwartet einen heftigen, fernher rollenden oder eigentlich sonderbar knarrenden Schall, vergleichbar mit dem Getöse eines starken Schusses. Die Pferde sperrten die Beine und vom ansteigenden Lehmufer schrie ein alter Mann: „Na, ward ji nich maken, dat rup kamen! Ji hebben em doch woll sacht mächtig arg brummen hürt, und könen frooden, dat wi körtlings hart Unwedder hebben!" — Man kehrte darauf um und benutzte etwa 100 Schritt rückwärts einen Einschnitt zur Auffahrt auf das hohe Ufer. Bald sollte sich die Warnung des Alten als wohlbegründet erweisen. Nach einer viertel Stunde begann die See mit Geräusch zu steigen und überflutete mehrere Fuß hoch den flachen Vorstrand. Eine Strecke weiter rettete ein Mann mit Mühe seine losgeschnittenen Pferde, während Wagen und Fässer ein Raub der Wellen wurden. Eine halbe Meile vom Strande blieben vor 15 Pflügen wie auf Kommando alle Pferde stehen, während die Arbeiter ein dunkles, befremdendes Gefühl überlief." — Diese allerdings sehr selten vorkommende Erscheinung läßt sich nicht anders erklären, als daß sie die Folge unterseeischer Erdbeben ist.

Die Temperatur.

Aus der Überfülle statistischen Materials, welches die meteorologischen Bücher liefern, seien hier einige wenige Angaben, die die Berichte der Kommission zur wissenschaftlichen Untersuchung der deutschen Meere in Kiel geliefert haben, angeführt.

Im Gegensatz zur Nordsee, deren Wasser im Allgemeinen immer wärmer ist als die Luft, ist die Temperatur der Ostsee an unserer deutschen Küste mehr der der Luft gleich. Im Frühjahr ist das Wasser der Oberfläche durchschnittlich etwas kälter, in den übrigen Jahreszeiten um ein geringes wärmer als die Luft. Vergleicht man die Temperatur des Nordsee- und Ostseewassers mit einander, so ergibt sich für die Oberflächen-Temperaturen an der Küste, daß im Winter die Nordsee wärmer ist als die Ostsee, im Sommer hingegen fast kein Unterschied besteht, eher ist sogar die Oberfläche an der Ostseeküste etwas wärmer.

Für den Monat Juli stellen sich die Temperaturen folgendermaßen:

Nordsee			Ostsee	
Sylt	$17,5^0$	Celsius	Warnemünde	$17,5^0$ Celsius
Helgoland	$15,7^0$	„	Lohme (Jasmund)	$16,5^0$
Borkum	$16,5^0$	„	Hela	$18,1^0$

Ähnlich wie es in bezug auf die Höhe des Meeresniveaus der Fall, kommt auch in bezug auf die Temperatur an der pommerschen und preußischen Küste zuweilen eine geheimnisvolle eigentümliche Naturerscheinung vor, die wenig bekannt ist, aber schon vielen Badenden eine Gänsehaut verursacht hat: An heißen Sommertagen kann es nämlich passieren, daß die Temperatur des Wassers am Ufer in kurzer Zeit um 10^0 und noch mehr fällt und zwar ist dies meist der Fall bei ablandigem Wind und entsprechend

Temperatur (Ostsee).

niedrigen Wasserstand. Als Beispiel möge ein im Jahre 1889 beobachteter Fall bei Neufahrwasser dienen, wo die Wassertemperatur von 21^0 fast plötzlich auf 8^0 fiel, um nach zwei Tagen wieder allmählich seine alte Temperatur anzunehmen. Irgend welche Strömung oder Änderung des Wasserstandes ist während der Zeit nicht bemerkt worden.

Man erklärt sich diese fast wie ein Wunder anmutende Erscheinung in der Weise, daß das Wasser in seinem Bestreben, bei dem ablandigen Wind den Niveau-Unterschied wieder auszugleichen, dies dadurch bewirkt, daß das kalte Wasser aus der Tiefe sich gegen die langsam ansteigende Küste keilförmig unter das wärmere Oberflächenwasser heraufschiebt und so die Oberfläche am Strande erreicht.

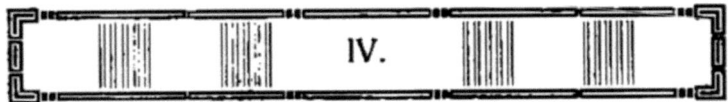

IV.

Entstehen und Wandlungen unserer Küsten.

Die Nordseeküste.

Es wurde im vorigen Kapitel gesagt, daß die Nordsee wahrscheinlich einstmals Festland gewesen und durch Senkung zum Meere geworden sei. Wir werden jetzt sehen, ob und inwieweit die Küsten ebenfalls an dieser Senkung teilgenommen haben. Daß letzteres überhaupt der Fall ist und die Nordsee zum mindesten sehr viel kleiner war, dafür gibt es eine Unzahl von Beweisen, von denen hier einige Beispiele angeführt sein sollen:

An manchen Stellen unserer Küste werden unter einer aufgespülten Sandschicht Spuren ganzer Gehölze und gute fruchtbare Erde gefunden, ebenso unter verschiedenen Mooren, aus denen man Baumstämme und Wurzeln von Erlen, Espen, Birken und Kiefern, also unsere noch jetzt einheimischen Baumarten, zu Tage gefördert hat. Auch auf den unserer Küste vorgelagerten Watten findet man an vielen Stellen in ganz geringer Tiefe Baumstämme, so bei Pelworm sowie zwischen Röm und der jütischen Küste. An letzterer liegt ein kleiner Ort Aalum; als hier die große Sturmflut von 1825 ein Stück des hohen Ufers abgerissen hatte, wurden auch hier Stämme und Wurzeln von Bäumen sichtbar.

Zeugen noch älteren pflanzlichen Lebens sind die Bernsteinfunde, die seit vielen Jahrhunderten auch an der Nordsee gemacht werden. Bei einigem Suchen kann man auch jetzt nach jeder hohen Flut zwischen schwarzem Seetang außergewöhnlich leichte, schwarzgelbe Steine aufheben, die sich bei näherer Untersuchung als Bernstein ausweisen. Übrigens gilt der Nordsee-Bernstein als nicht so gut als wie der der Ostsee, auch kommt er weit seltener vor.

In Holland liegen an der Küste ganze Landstriche unter der mittleren Fluthöhe des Meeres, sodaß es notwendig ist, das Land durch Schöpfmühlen zu entwässern. Diese Notwendigkeit hat sich nun im Laufe der Jahrhunderte in immer mehr Orten herausgestellt und ist deshalb als ein sicheres Zeichen des Versinkens der Küste anzusehen.

An der andern Seite der Nordsee in Schottland ist in der Tay-Bucht ein großer unterirdischer Wald mit Sicherheit nachgewiesen worden.

Nordseeküste.

All diese Tatsachen haben als sichere Merkzeichen von ungeheuren Umwälzungen der Erdrinde zu gelten, die sich nach Hunderttausenden von Jahren berechnen und deren Ursachen uns noch ganz unbekannt sind, deren Wirken wir aber zum Teil erkennen können.

Unser ganzes Nordsee- und Ostseegebiet, die Küsten der Normandie, Belgiens und Hollands und die östliche Küste von England sind danach mit dem Nordseegrunde im Sinken begriffen. Wie weit sich dieses Versinken des Landes nach dem Innern des Kontinents erstreckt, wissen wir nicht, denn meßbar ist dies sich in Jahrtausenden fast unmerkbar vollziehende Naturereignis kaum erst an den Küsten.

Das Maß des Sinkens wird nach den Beobachtungen verschieden angegeben; es ist nicht überall gleichmäßig. Die Veranschlagungen gehen bis zu 1 m in einem Jahrhundert. Unter der Annahme dieses Höchstmaßes wird berechnet, daß bei einem gleichmäßigen Weitersinken des Landes das Wasser nach 2500 Jahren etwa bis Meppen reichen würde; Hamburg, Bremen, Verden, Oldenburg lägen dann auf dem Meeresgrund. Das Niveau der Nordsee stünde 25 m höher, um so viel also müßten die Deiche erhöht werden. Wenn das auch wohl im Bereiche menschlichen Könnens liegen würde, so wäre es doch ein zweckloses Werk, denn ungeheure Kräfte wären außerdem noch nötig, um das tiefgelegene Land zu entwässern. Ob das dann lebende Menschengeschlecht wirklich sich die Naturkräfte soweit unterworfen haben wird, um dies zu verrichten, wissen wir nicht; wir wissen aber auch nicht, ob die Senkungsperiode nicht vielleicht inzwischen längst ihr Ende erreicht haben wird.

Dem großen Senkungsgebiet steht nun ein entsprechendes Hebungsgebiet im Norden und Westen gegenüber. Die nördliche Grenze zwischen beiden zieht sich durch Jütland und Südschweden in der Weise hin, daß während sich Schleswig-Holstein und Südschweden senken, das nördliche Jütland, Norwegen sowie Schweden nördlich von Karlskrona sich heben. — Die westliche Grenze zwischen beiden Gebieten geht quer durch England. Während sich die Ostküste Englands senkt, hebt sich die Süd- und Westküste.

Auch für das Heben des Landes gibt es unwiderlegbare Beweise: In Schottland werden in den verschiedensten Höhenlagen bis zu 100 m über dem Meere Tonlager mit Muscheln gefunden, ebenso in Irland. In Norwegen findet man 130 m über dem Meeresspiegel Muschel und Korallen, bei Hammerfest sogar 200 m über dem Meere. Bei Frederikshald wurde im Jahre 1687 in 80 m Höhe ein vollständiges Wallfischgerippe ausgegraben. — Die Reihe der Beweise ließe sich noch beliebig verlängern. Die richtigen Schlußfolgerungen sind übrigens durchaus nicht erst in der Neuzeit gezogen worden, sondern bereits Mitte des 18. Jahrhunderts wurde das Heben der Küste von Schweden von dem berühmten Forscher Celsius, jedermann durch seine Einteilung des Thermometers bekannt, durch Messungen nachgewiesen.

Das Heben der skandinavischen Halbinsel scheint um so stärker zu sein, je weiter man nach Norden kommt. Bei den Aelands-Inseln wird als Höchstmaß etwa 1 m, bei Haparanda $1^3/_4$ m in einem Jahrhundert angegeben. Es ist auch festgestellt, daß sich das Hebungsgebiet noch über das Nordkap hinaus fortsetzt, da man auch in Spitzbergen alte Uferlinien, Reste von Muscheln und Wallfischen in einer Höhe von 50 m gefunden hat.

Dies Heben und Senken großer Ländergebiete wird von manchen aber nur als ein Teil oder auch als ein Nachzittern viel größerer Umwälzungen der Erdrinde angesehen. Danach war früher vom Meere nicht allein die Nordsee Festland, sondern Schottland hing über den Shetlands-Inseln mit Island und letzteres mit Spitzbergen und Norwegen zusammen, ja es wird sogar ein großer untergegangener Kontinent vermutet, der den nördlichen Teil des atlantischen Ozeans ausfüllte und von dem die Azoren als Überreste noch aus dem Meere hervorragen. Diese Hypothesen gehören allerdings bereits vollständig in das Reich der Phantasie und daher ist es auch nicht verwunderlich, wenn man sich nun noch weiter in dies Reich verloren hat und den untergegangenen Kontinent mit der Insel Atlantis, von der uns Plato erzählt, in Verbindung gebracht hat. Von der Insel hat der Ocean seinen Namen und deshalb dürfte die Sage manchem Leser von Interesse sein; es heißt darin:

„Damals war das Meer außerhalb der Säulen des Hercules noch schiffbar und in demselben, gleich vor dem Eingange der Straße, lag eine Insel größer als Lybien und Asien zusammengenommen. Die Könige derselben waren sehr mächtig, denn sie beherrschten nicht nur die Insel Atlantis, sondern noch mehrere andere, sogar ganz Lybien bis nach Ägypten und Europa bis zum Tyrrhenischen Meer usw." — Über den Untergang heißt es dann weiter, „daß die Insel durch ein großes Naturereignis zerstört worden sei, indem sie in einem Tage und einer Nacht in den tiefen Abgrund des Oceans versank. An der Stelle, wo sie gestanden, ließ sie so viel Schlamm zurück, daß das Meer nicht mehr beschifft werden konnte." Nach Paestel, der obige Stelle anführt, dürften mit diesem Schlamm vielleicht die pflanzlichen Stoffe, die einen Teil des atlantischen Oceans bedecken

Nordseeküste.

und das sogenannte Sargasso-Meer bilden, von den Alten gemeint worden sein.

So wenig begründet und so unwahrscheinlich das Vorhandensein eines einstigen Kontinents im atlantischen Ocean ist, so sicher wissen wir im Gegensatz dazu von unserer norddeutschen Tiefebene, daß sie in einer Entwicklungsepoche der Erde bis zu den mitteldeutschen Gebirgen Meeresboden gewesen ist, ebenso wie der größere Teil des europäischen Rußland bis zur Wolga und dem Schwarzen und Kaspischen Meer und nach Norden bis zum Eismeer. Die unzweideutigen Beweise sind die Diluvialmassen und die fossilen Überreste von Tieren, die nur im Meere leben konnten. — Doch nun zurück zu unserer Nordsee und ihren Küsten.

Die Zeit, wann die Nordsee zum Meere geworden, ist ganz unbestimmbar; von einigen Gelehrten wird sie auf etwa 15 bis 20000 Jahre zurückgelegt. Da aber nicht feststeht, daß das Sinken immer ein gleichmäßiges gewesen, so beruhen alle diese Annahmen mehr oder minder auf Mutmaßungen. Auf jeden Fall ist die Trennung Englands vom Kontinent erheblich später erfolgt, es geht dies schon aus den viel geringeren Tiefen zwischen ihnen und in der ganzen südlichen Nordsee gegenüber dem nördlichen Teil hervor. Über den früheren Zusammenhang überhaupt besteht für den Geologen nicht der geringste Zweifel, denn die einander gegenüberliegenden Küsten zeigen eine derartig gleichartige Struktur, daß der Kanal nur als örtliche Senkung angesehen werden kann. Die Zeit der Trennung wird auf 4000—6000 Jahre vor unserer Zeitrechnung geschätzt; von irgend welchen Beweisen, die sichere Schlüsse zulassen, kann dabei selbstverständlich nicht die Rede sein.

Wir wollen jetzt sehen, was Sage und Geschichte uns über unsere Küsten und ihre Bewohner überliefert haben:

Der älteste Bericht stammt von Pytheus aus Massalia, welcher zur Zeit Alexanders des Großen die nördlichen Meere befahren und die sagenhafte Insel Thule besucht hat, unter der manche die Shetlands-Inseln, andere Jütland, noch andere sogar die Ostseeküste verstehen wollen. Ein anderer griechischer Schriftsteller Ephorus berichtet uns von der sagenhaften cimbrischen Flut; er schreibt hierüber: „Die Cimbern, welche an der Nordsee wohnten, haben aus Ärger über die fortwährenden Überschwemmungen ihres Gebietes ihre Wohnsitze verlassen; von ihnen sind mehr Menschen durch das Wasser als durch den Krieg umgekommen. Bei einbrechenden Fluten ergriffen sie die Waffen und stürzten sich dem Meere entgegen, um es zu bekämpfen."
— Diese sagenhafte cimbrische Flut wird 300 Jahre später auch

Nordseeküste.

von Plinius erwähnt. Nach ihm haben die Cimbern infolge einer großen Sturmflut ihre Heimat verlassen und sind zusammen mit den Teutonen nach Süden gezogen. Die Zeitangaben stimmen aber nicht überein, wie überhaupt alle Angaben über unsere Küsten und ihre Bewohner, die über die Zeit vor Christi Geburt hinausreichen, sehr dürftig und unzuverlässig sind.

Von besonderem Interesse ist aus dieser ältesten Zeit noch eine Angabe aus dem dritten Jahrhundert vor unserer Zeitrechnung, nach der man von der Mündung des Rheins das östliche Vorgebirge von Britanien hätte erkennen können. Das würde also bedeuten, daß zu der Zeit der Zwischenraum zwischen England und dem Kontinent ein sehr viel geringerer gewesen sein muß. Diese Annahme erfährt eine gewisse Bestätigung durch Strabo, der fast drei Jahrhunderte später schreibt, daß sich Holland in früherer Zeit viel weiter nach Westen und Nordwesten in die See erstreckt habe. — Etwas lichter wird das Dunkel, das über unsere Küsten und ihre Bewohner in früheren Zeiten schwebt, durch die Berichte von Plinius und Tacitus.

Zu ihrer Zeit wohnten westlich der Ems die Friesen; zwischen Ems und Elbe ein ihnen nahe verwandter Volksstamm, die Chauken; östlich von diesen die Teutonen; nördlich Sachsen, Angeln und Cimbern, von welchen letzteren man annimmt, daß ein Teil von ihnen nicht mit ausgewandert ist und später in die Dänen, die die Inseln an der Ostküste und den Norden Jütlands bewohnten, aufgegangen ist. Da es zu der Zeit noch keine Deiche gab, war der Kampf des Menschen gegen die Elemente noch weit härter als jetzt. Eine vorzügliche Beschreibung hiervon sowie über Land und Leute gibt uns der ältere Plinius um die Mitte des ersten Jahrhunderts. Er schreibt:

„Im Norden habe ich die Völkerschaften der Chauken gesehen, welche als die kleineren und die größeren unterschieden werden. Hier erhebt sich der Ocean zweimal in 24 Stunden und bedeckt abwechselnd ein Gebiet von umstrittener Natur, ungewiß ob zum Festland gehörig oder zur See. Das armselige Volk bewohnt hohe Hügel, mit der Hand nach dem höchsten Flutmaß errichtet (die heutigen Wurten), auf welchen dann die Hütten aufgebaut wurden, ähnlich zur Flutzeit dem Leben an Bord von Schiffen, zur Ebbezeit den Schiffbrüchigen vergleichbar. Sie machen in der Nähe ihrer Bretterhütten Jagd auf die mit dem Meere zurückfliehenden Fische; ihnen ist es nicht möglich, sich Haustiere zu halten und von deren Milch zu leben gleich ihren Nachbarn, ja nicht einmal mit den wilden Tieren zu kämpfen, da weit und breit kein Strauch vorhanden ist. — Schilf und Binsen flechten sie zu Stricken, daraus Netze zum Fischfang zu

Nordseeküste.

fertigen. Mit den Händen tragen sie feuchten Schlamm zusammen, trocknen ihn mehr am Winde als durch die Sonne und bereiten darin ihre Speisen, um die vom Nordwind erstarrten Glieder zu erwärmen; zum Getränk dient ihnen nur Regenwasser, das in Gruben in dem Hofe des Hauses gesammelt wird. Und diese Völkerschaften, wenn sie heute von den Römern besiegt würden, klagen über Knechtschaft! Wahrlich, manche verschont das Schicksal, um sie zu strafen!" — Anschaulicher als durch diese letzten Worte dürfte uns Plinius nicht haben klar machen können, wie völlig verständnislos er, der hochzivilisierte Römer, dem freien und rauhen Leben der genügsamen Barbaren, der künftigen Besieger seines Volkes, gegenüberstand.

Mit ganz anderer Wertschätzung spricht schon wenige Jahrzehnte später Tacitus von diesen Küstenbewohnern. Er nennt die Chauken das edelste Volk der Germanen, das seine Größe lieber durch Gerechtigkeit schützen will. Ohne Begehrlichkeit, ohne Herrschsucht leben sie ruhig für sich dahin, rufen keine Kriege hervor und werden nicht durch Räubereien geplündert. Der beste Beweis ihrer Tüchtigkeit und ihrer Macht ist der, daß sie ihre hervorragende Stellung nicht durch Gewalttaten erlangen; doch sind sie alle mit den Waffen vertraut und wenn es die Lage erfordert, stellen sie eine große Zahl von Männern und Pferden. Auch wenn sie im Frieden leben, geht ihnen dieser Ruf voran."

So spärlich die Nachrichten über die Bewohner der Küste auch sind, über die Beschaffenheit der Küste selbst wissen wir noch weniger, denn die Überlieferungen beziehen sich immer nur auf einzelne Orte, sodaß sich hieraus ein Gesamtbild zu machen völlig unmöglich wird. Wir werden trotzdem in dem Nachstehenden versuchen, uns die Küste so zu rekonstruieren wie es nach den Überlieferungen und alten Chroniken möglich ist, wobei aber alles Sagenhafte weggelassen werden soll.

Plinius zählt vom Kanal bis zum nördlichen Jütland 23 Inseln auf, jetzt sind 14 vorhanden und von diesen stellen die meisten nur Überreste von größeren Inseln dar, die weit nach Plinius Zeiten auseinandergerissen worden sind.

Strabo erwähnt eine Insel Byrchanis; man hat den Namen auf das jetzige Borkum beziehen wollen; ob mit Recht, ist zweifelhaft, denn der Name erscheint erst wieder im Jahre 1269 in einer Chronik. Die Chroniken sind überhaupt die ersten Quellen, aus denen wir etwas Näheres über unsere Küsten erfahren. Über die Küstenformation berichten sie aber auch eigentlich nur indirekt, indem sie uns die Verheerungen der Sturm-

Nordseeküste.

fluten und die vielen Namen untergegangener Dörfer und Inseln aufzählen.

Um das Jahr 1000 herum waren danach Dollart und Jadebusen noch festes Land. Beide sind ebenso wie der Zuider-See nicht durch eine einzige Sturmflut entstanden, sondern an ihrem Untergange hat eine ganze Reihe von Sturmfluten gearbeitet, gegen welche die Bewohner sich nicht verteidigen konnten wie wir es heute mit unseren Deichbauten vermögen.

Der erste Einbruch in den Dollart wird nach dem alten Chronisten Uno Emmius der Weihnachtsflut 1277 zugeschrieben, die Hauptverheerung hat aber erst die große Sturmflut von 1377 angerichtet. Auf all die anderen Sturmfluten, die noch an dem Untergang mitgewirkt haben, einzugehen, ist hier nicht möglich, die wichtigsten sind in dem letzten Abschnitt „Sturmfluten" angeführt. Ihre Gesamtwirkung ist aus einer alten Dollart-Karte zu entnehmen, nach der auf dem Grunde des Dollart 51 Ortschaften vom Wasser begraben liegen, worunter eine Stadt — Torum —, 3 Flecken, 3 Klöster und 33 Kirchspiele. Von diesem verlorenen Lande ist im Laufe der letzten drei Jahrhunderte dem Meere ein großer Teil wieder abgerungen worden und zwar seit Mitte des 16. Jahrhunderts über die Hälfte des damaligen Dollart.

Von dem Jadebusen nimmt man an, daß er im 10. Jahrhundert ein moorig sumpfiges Land gewesen sei. Der erste Einbruch soll 1066 stattgefunden haben. 1218 vernichtete eine Sturmflut die Burg Jadelehe und mehrere Dörfer, aber erst drei Jahrhunderte später, durch die Marcellusflut 1517, erhielt der Jadebusen seine größte Ausdehnung; seitdem wird auch an seiner Verkleinerung mit gutem Erfolg gearbeitet.

Das Land Butjadingen zwischen Jade und Weser erstreckte sich viel weiter in die Nordsee hinein. Von ihm wurde wahrscheinlich ein Teil abgeschnitten, der im 11. Jahrhundert die Insel Mellum bildete, auf der eine Burg gestanden hat; letztere soll durch dieselbe Flut, die die Entstehung des Jadebusens verursacht hat, zerstört worden sein. Jetzt sind dort Sandbänke, die Brutstätte unzähliger Möwen; an den untergegangenen Ort und die Burg erinnert nur noch ein hohes Schiffahrtszeichen, die Mellum-Bake.

Die Inseln Norderney, Juist mit zwei anderen im Laufe der Zeit untergegangenen Inseln Buise und Bant sowie wahrscheinlich auch noch Borkum bildeten eine einzige große Insel Bant, deren erste Zertrümmerung auf die Allerheiligen Flut 1170 zurückgeführt wird. Von den Trümmern hat Buise zwischen Juist und

Nordseeküste.

Norderney gelegen. Norderney war zuerst nur ein Teil eines größeren abgerissenen Inselstücks Osterende.

Noch größere Änderungen als die westlichen Inseln, haben die der schleswig-holsteinischen Küste vorgelagerten nordfriesischen Inseln erfahren.

Die jetzige Insel Nordstrand gehörte noch zum Festlande; sie ist wahrscheinlich erst 1218 von ihm abgetrennt worden. Später bildete sie mit Pelworm, Nordstrandischmoor, der Hamburger Hallig und den zwischen diesen Inseln liegenden Watten eine einzige große Insel, auf der im Jahre 1231 noch 66 Kirchspiele aufgeführt werden; von diesen gingen bereits im Jahre 1300 durch eine Sturmflut der Flecken Rungholt und 8 Kirchspiele, 1362 noch weitere 20 Kirchspiele verloren. 1436 wurde das Kirchspiel Pelworm abgetrennt, das seitdem eine eigene Insel darstellt. Die furchtbarsten Verheerungen fanden aber erst 1634 statt, wir werden dieselben an anderer Stelle beschreiben.

Sylt stand noch mit dem Festlande sowie mit Amrum und Föhr in Verbindung. Wann die Trennung der drei Inseln vom Festlande und von einander stattgefunden hat, läßt sich nicht genau bestimmen. Durch tiefes Wasser, die Fahrtrapp-Tiefe, werden nur Sylt und Föhr von einander getrennt und zwischen ihnen soll auch der erste Durchbruch stattgefunden haben. Von den drei Inseln hat sich Föhr am besten gehalten, während Sylt und Amrum besonders durch die Flut von 1634 stark gelitten haben und auch jetzt noch trotz aller Schutzbauten leiden. —

Im Gegensatz zu diesen, im Laufe der Jahrhunderte mehr und mehr zusammengeschmolzenen Inseln gelang es bereits im 16. Jahrhundert, einen größeren Landkomplex, die jetzige Halbinsel Eiderstedt, an deren Rande die Meeresfluten das von den Inseln abgetragene Material ablagerten, wieder mit dem Festlande durch Deiche zu verbinden.

Helgoland ist bedeutend größer gewesen als es jetzt ist, das Unterland und die jetzige Düne waren fruchtbare Weiden und Wiesen und zwar noch vor wenigen Jahrhunderten. Von ihrer ferneren Vergangenheit wird behauptet, daß die Insel einstmals mit dem Festlande verbunden gewesen sei und daß sich zwischen Helgoland und Sylt unter Wasser noch ein Felsenriff, die sagenhafte „eiserne Mauer" hinzieht. Mit Wangeroog soll Helgoland durch eine Dünenkette verbunden gewesen sein, sodaß zu der Zeit die Küste ungefähr in einer geraden Linie Wangeroog, Helgoland Sylt verlief. Durch Einbruch der See in diese Linie und Veränderungen des Deltas von Elbe und Weser entstand ihre jetzige Formation. — Betrachtet man diese Entwicklung von dem Gesichtspunkt aus, daß die ganze Nordsee Festland gewesen, so schrumpfen all diese Fragen zu einem Streiten um kleine Episoden der allmählichen Zertrümmerung der Küste zusammen, die ein allgemeineres Interesse erst in geschichtlichen Zeiten beanspruchen. Wir kommen unter „Sturmfluten" nochmal auf die Veränderungen zurück.

Die Ostseeküste.

Zu dem großen Senkungsgebiet, das im vorigen Abschnitt erwähnt wurde, gehört auch unsere Ostseeküste. Wir haben hierfür, insbesondere für die ostpreußische Küste, ebenso unzweifelhafte Beweise wie für die Nordseeküste. Zunächst haben die Bernsteinfunde als solche zu gelten, dann aber trifft man auch hier auf Baumwurzeln an Stellen, die jetzt unter Wasser oder so niedrig sind, daß die Bäume unmöglich bei diesem Niveau haben gedeihen können. Ähnliche Erscheinungen werden in Südschweden beobachtet, so befindet sich in Malmö unter dem jetzigen Straßenpflaster ein zweites, das jetzt mehrere Fuß unter dem Meeresspiegel liegen würde. — Ob ein Sinken der Küste auch noch in der Jetztzeit stattfindet, ist nicht mit Sicherheit nachzuweisen. Von der ostpreußischen Küste wird es vielfach bejaht, von der mecklenburgischen und pommerschen Küste verneint.

Sturmfluten haben an der Zerstörung der Küste nur geringen Anteil, dennoch weichen die steilen Ufer alljährlich um ein Geringes zurück, hauptsächlich durch Abbröckelung infolge von Brandung, Wind und Wetter. An den meist gefährdeten Stellen wie Arkona auf Rügen wird die Abnahme auf etwa 0,2 m im Jahre geschätzt. An der pommerschen Küste ist sie geringer, da die Dünen immer wieder von neuem von angespültem Meeressand gespeist werden und durch diese von Wind und Wellen zugetragenen Sandmassen auch das dahinter liegende Land erhöht wird; das allmähliche Versinken der Küsten, falls es auch jetzt stattfindet, wird dadurch zum Teil wieder aufgehoben. — Im Allgemeinen kann man auch von der Ostseeküste, ebenso wie von der der Nordsee, sagen, daß das Meer an einer Stelle wieder anschwemmt, was es von einer andern abgetragen hat und zwar ist dies um so mehr der Fall, wo der Mensch durch Dämme und Buhnen der Landbildung nachhilft wie z. B. bei Swinemünde, das zum Teil auf früherem Meeresboden steht und an dessen Ufer durch die weit in die See hineingebauten Moolen immer weitere Anlandung stattfindet.

Ostseeküste.

Über die fernere Vergangenheit unserer Ostseeküste schwebt ein noch tieferes Dunkel wie über die der Nordsee, die geschichtlichen Überlieferungen sind noch ungenauer und zweifelhafter als über jene. Es wird zwar behauptet, daß die Phönizier bereits in der Ostsee gewesen sind, um von dort den Bernstein zu holen, einen sicheren Anhalt dafür gibt uns aber die Geschichte nicht, ebenso wenig wie es mit Sicherheit erwiesen ist, daß die Römer dort gewesen sind.

Pytheus schreibt von einem germanischen Volke, den Guttones, das an den Ufern einer Bai, Mentonomon genannt, wohnte und von wo in der Entfernung einer Tagesschiffahrt die Insel Balthia läge, an deren Küste der Bernstein gefunden würde. Man hat unter der Bai das Kurische Haff und unter der Insel die Kurische Nehrung verstehen wollen, der Name Guttones soll sich entweder mit den damals die Ostseeküste bewohnenden Goten oder auch mit dem alten preußischen Volksstamme der Goden decken; in neuerer Zeit ist man jedoch von dieser Annahme abgekommen und verlegt die von Pytheus beschriebenen Gegenden nach Jütland.

Plinius und Tacitus machen keine genaueren Angaben über Küste und Bewohner; Letzterer spricht von den Ostbewohnern, welche den Bernstein sammeln und hat man diese Bezeichnung mit den Esthen in Verbindung gebracht. Ein anderer römischer Schriftsteller Ptolemaeus spricht von dem Meerbusen Veneta, womit man das frische Haff gemeint wissen will, ferner von Flüssen, die sich gen Osten in das Meer ergießen; einem derselben gab er den Namen Fistula, der auf die Weichsel bezogen wird.

Von den früheren Bewohnern der Küste nimmt man an, daß die Ureinwohner wahrscheinlich finnischen Ursprungs waren, die dann von Germanen und Slaven nach Norden abgedrängt worden sind. Kurz vor unserer Zeitrechnung bewohnten die Teutonen den westlichen Teil, die Goten den östlichen Teil unserer Küste, östlich von diesen saßen die Oestier, die jetzigen Esthen. In der Völkerwanderung wurden die germanischen Volksstämme, soweit sie nicht vorher nach Süden gewandert waren, von den Slaven verdrängt; von diesen sind die Obotriten in Mecklenburg, die Liutizen und Wilzen in Pommern, die Kassuben in Pommern und Westpreußen am meisten in der Geschichte genannt. Tacitus unterscheidet übrigens die slavischen Volksstämme bereits sehr scharf von den Germanen nicht allein durch ihre Sprache und Gestalt, sondern durch ihren Schmutz und durch ihre dumpfe Trägheit. — Im Allgemeinen sind die Bewohner der Ostseeküste nicht so seßhaft gewesen wie die der

Nordseeküste, vielleicht weil ihnen der Kampf um Leben und Eigentum gegen das ewig drohende Meer erspart geblieben ist und damit die Hochschätzung und Liebe zur heimatlichen Scholle, die die Friesen in so hohem Maße besitzen. — Wir verlassen jetzt dies unsichere, von den Gelehrten viel umstrittene Gebiet und wollen nunmehr einen Blick auf die Formation der Ostseeküste und ihre charakteristischen Unterschiede von der der Nordsee werfen.

Während der Friese die Küste seines Landes durch Deichbauten gegen die Fluten verteidigen muß, hat die gütige Natur an der Ostsee, wo sie das nötige Baumaterial zur Verfügung hat, sich selbst daran gemacht, das Land vor dem Meere zu schützen und zwar durch Aufbauen von Dünen. Dies Baumaterial ist der Sand und der hervorstehendste Zug der Ostseeküste ist daher die Düne, über deren Entstehen und Vergehen hier einige Daten angegeben werden sollen.

Der Sand wird von den Wellen bei auflandigem Wind auf dem flach ansteigenden Meeresboden aufgerührt, an das Ufer getrieben und hier abgesetzt, wo er bei niedrigem Wasserstande trocknet und vom Winde zu Sandhügeln, den Dünen, zusammengetrieben wird. Den ersten Halt gibt dabei vielleicht ein kleines Hindernis, das möglicherweise nur in einem Büschel Sandhafer besteht, über dem sich dann Dünenberge von 10, 30 ja 60 m Höhe auftürmen können. — Die Dünen sind ewigen Wechsel unterworfen, denn der feine Sand wird weiter geweht, die Düne wandert und hinter ihr entsteht eine zweite und dritte Düne; von diesen wandernden Dünen ist schon manches Dorf trotz aller möglichen Verteidigungsmittel, die der Mensch gegen sie angewendet, begraben worden. Ihr Fortschreiten findet naturgemäß in Richtung der Hauptwinde statt und da jene die westlichen sind, so kommen Wanderdünen hauptsächlich an der in nordöstlicher Richtung sich hinziehenden Küste östlich von Swinemünde und auf den Nehrungen vor; auf der kurischen Nehrung erreichen sie eine Höhe von 50—60 m. Daß es gegen solche, wenn auch nur ganz langsam, so doch mit elementarer Gewalt herankommenden Berge keinen Widerstand gibt, ist klar. Auf der kurischen Nehrung haben die Dünen ihren gefährlichen Charakter übrigens erst seit dem siebenjährigen Kriege angenommen. Das Land stand damals für kurze Zeit unter russischer Herrschaft und die Russen taten ihm das Schlimmste an, was sie überhaupt tun konnten, sie holzten die Wälder ab, ermöglichten damit die großen Dünenbildungen und verwüsteten auf diese Weise das Land für viele Jahrzehnte; erst jetzt gelingt es allmählich, die Dünen dort wieder zu binden. — Die Dünen der Nehrungen üben noch eine

Ostseeküste.

besondere Wirkung aus, ihr Sand wird zum Teil in das frische resp. kurische Haff hineingeweht und trägt auf diese Weise zur Verflachung und Verkleinerung derselben bei.

Den Küsten gewähren die Dünen einen vorzüglichen Schutz gegen Sturmfluten und auch aus diesem Grunde sucht man sie mit allen Mitteln am Strande festzuhalten und, wo nötig, neue zu schaffen; ersteres geschieht durch Bepflanzen mit Sandhafer und anderen Strandpflanzen, letzteres durch Anlegen von Faschinenzäunen zum Festhalten des Sandes. Die Notwendigkeit solcher künstlichen Dünenbildungen als Schutzwall ist übrigens an der Ostseeküste weit geringer als an der Nordsee, wo Dünenbildungen in größerem Umfange nur an der jütischen Küste und auf den Inseln vorkommen. Im Allgemeinen gilt der Satz, daß unsere Ostseeküste mit ihren Dünen vorzügliche natürliche Schutzmittel gegen nur unbedeutende Sturmfluten, die Nordseeküste hingegen nur unbedeutende natürliche Schutzmittel gegen die schwersten Sturmfluten aufzuweisen haben.

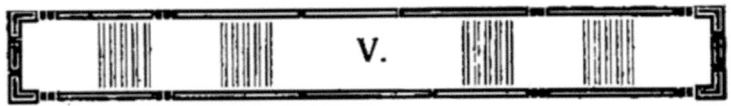

Ebbe und Flut.

Der Binnenländer, der nach unserer Nordseeküste oder ihren Flußmündungen verschlagen wird, steht nach wenigen Stunden dem großartigen Naturphänomen der Ebbe und Flut gegenüber, und mag er der Natur auch noch so entfremdet sein und in dem Leben der Großstadt die Naturerscheinungen noch so gleichgültig an sich haben vorübergehen lassen, dies Phänomen des in ewiger Abwechselung steigenden und fallenden Wasserspiegels, soweit sein Auge reicht, muß ihn packen und in ihm den Wunsch erwecken, etwas näheres davon kennen zu lernen. Im Allgemeinen dürfte sich nun die Kenntnis über Ebbe und Flut auf die recht unzureichende, dunkle Vorstellung beschränken, daß sie mit dem Monde zusammenhängen und eine Folge der Anziehungskraft desselben sind. Mehr davon zu erfahren, ist schon deshalb schwierig, weil man bei dem Unternehmen sofort wissenschaftliche Deduktionen mit in den Kauf nehmen muß, in die sich zu vertiefen, die meisten weder Zeit noch Lust haben.

In dem Nachstehenden ist der Versuch gemacht worden, diese Naturerscheinung in einer Form darzustellen, daß sie den Leser nicht ermüdet, sondern das Wissenswerte so vor Augen führt, daß er dadurch in Stand gesetzt wird, das Meer und sein Wirken und all die interessanten Erscheinungen am Strande, die durch Ebbe und Flut bedingt werden, mit Verständnis und Interesse zu betrachten.

Bei den Erklärungen sei zunächst das Allgemeine angeführt, um dann allmählich auf das ganz nahe Liegende, die Hoch- und Niedrigwasser-Erscheinungen an unseren Küsten und schließlich auf die Hochwasserzeiten, Fluthöhen, Springfluten und Sturmfluten überzugehen.

Am leichtesten wird man sich über das Wesen der Ebbe und Flut oder die Gezeiten oder die Tide (von dem englischen tide), wie man an der Küste sagt, klar, wenn man sich zunächst die Erde nur mit Wasser bedeckt vorstellt. Die Anziehungskraft des Mondes, seines Umkreisens der Erde und die Umdrehungen der Erde selbst würden sich dann folgendermaßen äußern:

Das Wasser direkt unter dem Monde wird von diesem stärker angezogen, als der Mittelpunkt der Erde, da es dem Monde näher ist, infolge dessen hebt es sich und bildet gewissermaßen einen Berg, die sogenannte Flutwelle. Dieselbe beträgt im offenen Meere etwa 1 Meter und ist von ungeheurer Ausdehnung. Es bildet sich nun aber nicht nur eine Flutwelle an der dem Monde zugekehrten Seite, sondern auf der entgegengesetzten Seite der Erde ebenfalls und zwar ist hier die Ursache die umgekehrte. Das Wasser ist hier weiter vom Monde entfernt als der Mittelpunkt der Erde, es wird weniger stark angezogen und bildet durch die hinzuströmenden Wassermassen auch hier einen Berg. Die Wissenschaft nimmt zwar auch eine Deformation des elastischen Erdkörpers durch die Anziehungskraft des Mondes an; auf dies noch wenig erforschte Gebiet hier näher einzugehen, dürfte sich aber erübrigen, da die obigen Erklärungen für unsere Zwecke ausreichen.

Die beiden Flutwellen umkreisen nun die Erde, dem Monde auf seiner Bahn von Osten nach Westen im ewigen Kreislauf folgend. Denkt man sich hierbei auf einem bestimmten Punkt der Erde stehend, so muß innerhalb von 24 Stunden infolge der Drehung der Erde nicht allein die direkt unter dem Monde befindliche Flutwelle durch diesen Punkt gehen, sondern nach 12 Stunden auch die entgegengesetzte Flutwelle, mit anderen Worten: Es ist zweimal Hochwasser und in den Zwischenzeiten Niedrigwasser. Die Erklärung für den ungefähr sechsstündigen Wechsel der Gezeiten wäre hiermit also gegeben.

Es ist gesagt worden — ungefähr —, denn in Wirklichkeit verschieben sich die Hochwasserzeiten von Tag zu Tag um za. 50 Minuten und zwar in der Weise, daß jedes Hochwasser am nächsten Tage 50 Minuten später eintritt als an dem vorhergehenden. Der Grund hiervon ist darin zu suchen, daß der Mond infolge seiner Umlaufszeit um die Erde von 27 Tagen und 7,6 Stunden denselben Meridian nicht nach 24 Stunden wieder passiert, sondern hierzu 24 Stunden und 50 Minuten gebraucht, welche Zeit mithin auch jede Flutwelle zu ihrer Reise um die Erde brauchen würde. Übrigens halten die Flutwellen mit dem Monde nicht gleichen Schritt, sondern durch die Reibung des Wassers schleppen sie gewissermaßen hinter her, auch werden sie nach den Polen zu niedriger; letzteres ist leicht erklärlich, wenn man sich die Kugelform der Erde und ihre Abplattung an den Polen vorstellt.

Es ist nun aber keineswegs der Mond allein, der die Ebbe und Flut erzeugt, sondern auch die Sonne wirkt hier durch ihre Anziehungskraft mit, allerdings in weit geringerem Maße; sie hat nämlich noch nicht einmal die Hälfte des Einflusses auf die Gezeiten als der Mond es hat. Die Sonne ist zwar unendlich viel größer als der Mond, dafür aber fast 400 mal weiter entfernt und eben auf die Entfernung kommt es weit mehr an als auf die

Masse, denn die Anziehungskraft steht mit der Masse nur in direktem, mit der Entfernung in quadratischem Verhältnis.

Die Wichtigkeit der Entfernung zeigt sich uns auch dadurch, daß Mond und Sonne sichtbar stärker auf Ebbe und Flut wirken, wenn sie in der Erdnähe sind, mit anderen Worten, wenn die Erde auf ihrer eliptischen Bahn um die Sonne, und der Mond auf seiner Bahn der Erde am nächsten sind. Besonders stark tritt dies wieder beim Monde hervor, bei dem die Flutwelle in der Erdnähe etwa ein Drittel höher ist als in der Erdferne.

Nach der Theorie müßte nun jedes Gestirn seine eigene Flutwelle erzeugen; es ist dies auch der Fall, aber die viel schwächere Sonnenflutwelle geht in die des Mondes auf, diese entweder verstärkend oder verringernd. Verstärkend wirkt sie auf letztere, wenn Mond und Sonne beide nach derselben Seite hinwirken, wenn sie also auf derselben Seite der Erde hinter einander stehen oder der Mond auf der einen Seite, die Sonne auf der andern Seite der Erde dem Monde gegenüber steht; in ersterem Falle haben wir Neumond, im letzteren Vollmond. Zu diesen Zeiten, also alle 14 Tage, sind ganz besonders hohe Fluten — Springfluten genannt —, die jeder Laie an der Küste mit Leichtigkeit erkennen wird. In der dazwischen liegenden Zeit beeinflußt die Sonne die gemeinsame Flutwelle jeden Tag anders und zwar, vom Tag der Springflut abgerechnet, sie allmählich immer weniger verstärkend, dann vom dritten Tag ab verkleinernd. Nach sieben Tagen endlich, wenn die Sonne im rechten Winkel zum Mond steht, wirkt sie dem Einfluß des Mondes direkt entgegen; wir haben dann Nipptide, d. h.: das niedrigste Hochwasser innerhalb von 14 Tagen; auch diese Erscheinung wird unter gewöhnlichen Verhältnissen ebenfalls von jedem Laien beobachtet werden können.

Die Flutwelle wird aber durch die Stellung der Sonne nicht allein in bezug auf die Höhe, sondern auch in bezug auf die Zeit beeinflußt und da diese Änderungen alle 14 Tage regelmäßig wiederkehren, so hat man sie halbmonatliche Ungleichheit genannt.

Ein weiterer Faktor für die Stärke der Ebbe und Flut und ihre Dauer ist die Stellung der Gestirne zum Äquator, ferner ob Mond und Sonne zusammen oder einzeln auf der nördlichen oder südlichen Halbkugel stehen; durch all diese Faktoren wird nämlich bewirkt, daß die Tiden auch an ein und demselben Tage nicht einander gleich sind. Diese Erscheinung ist ebenfalls an unserer Nordseeküste deutlich erkennbar; man nennt sie die tägliche Ungleichheit; sie ist am stärksten, je weiter ab der Mond vom Äquator steht. Auf dies Thema hier weiter einzugehen, würde

Ungleichheiten.

zu weit führen; die vielleicht schon etwas zu detaillierten Ausführungen waren aber notwendig, um die Ungleichheit der Hochwasserzeiten und der Dauer der Flut und Ebbe, die jedem einigermaßen aufmerksamen Beobachter am Strande auffallen müssen, zu erklären, sowie, um die Angaben der Ebbe- und Fluttabellen, die man an der Küste überall zu Gesicht bekommt, mit Verständnis zu lesen.

Wir hatten bisher angenommen, daß die Erde nur mit Wasser bedeckt sei und die Flutwellen die ganze Erde umkreisen können. Letzteres ist aber selbst auf der südlichen Halbkugel nicht der Fall, sondern es bildet sich in jedem Meere eine besondere Flutwelle, die mit dem Eintritt des Gestirns über das östliche Ufer beginnt, am stärksten ist, wenn das Gestirn über der Mitte steht und von da ab wieder abnimmt. Hierbei spielen sich die Gezeiten folgendermaßen ab:

Die eigentliche, direkt erzeugte Flutwelle entsteht am östlichen Uferrand und schreitet, wie bereits gezeigt, mit dem Monde von Osten nach Westen. Ihr folgt die ausgleichende Wellenbewegung, welche sich nach allen Seiten hin gleichmäßig auszubreiten sucht und an den östlichen Ufern der Meere — also bei uns — sowie an den Polen wahrscheinlich in erster Linie die Ursache der Gezeitenerscheinungen darstellt. Diese Ausgleichungswelle ist viel langsamer wie die eigentliche Flutwelle, sie stößt wie letztere gegen die Küsten, wird reflektiert und verläuft erst nach Tagen, während bereits eine ganze Reihe weiterer Flutwellen und Ausgleichungswellen unterwegs sind, die nun alle zusammen vereinigt die Ebbe und Flut erzeugen. Bei einem solchen komplizierten Ineinanderwirken dürfte es einleuchten, daß es vielleicht niemals gelingen wird, die Gesetzmäßigkeit der Ebbe- und Fluterscheinungen genau festzulegen.

All die Tabellen und Vorausbestimmungen sind denn auch weiter nichts als auf langjährige Beobachtungen gestützte Zusammenstellungen, die für die Praxis allerdings vollkommen ausreichen.

Auf dem offenen Meere merkt man von dem Steigen und Fallen des Wassers und der ungeheuren Bewegung, an der nicht nur die Oberfläche des Meeres, sondern jedes Wasserteilchen bis auf die tiefste Tiefe teilnimmt, nichts. Erst an der Küste kommt diese Erscheinung zur Geltung.

Durch Reibung der Wassermassen an dem flacher werdenden Meeresboden und an den Küsten wird die Flutwelle aufgehalten; sie staut sich je nach der Formation der Küsten, der Größe und Gestaltung der Meeresbuchten und der Tiefenverhältnisse mehr oder weniger auf, und so entstehen je nach den örtlichen Verhältnissen an den verschiedenen Küsten die verschiedenartigsten Ebbe- und Fluterscheinungen und sehr bedeutende Unterschiede der Fluthöhen.

Bei St. Helena, das mitten im Ocean liegt, beträgt die Fluthöhe 0,7 m, bei St. Malo an der französischen Küste 1,5 m, in der Fundy Bay an der Ostküste von Kanada 20 m, bei Brest 5,8 m, bei Liverpool 8 m, London 6,3 m, Helgoland 2,1 m, Cuxhaven 2,8 m.

Je größer die Unterschiede zwischen Hoch- und Niedrigwasser, um so stärker müssen naturgemäß auch die Ebbe und Flutströmungen sein, die auf freiem Meere an der Oberfläche kaum bemerkbar, an den Küsten bis zu zwei deutschen Meilen Geschwindigkeit in der Stunde und darüber betragen können. Nach diesen Ausführungen dürften die nachstehenden Erklärungen über die Gezeiten in der Nordsee und speziell an unserer Küste verständlich sein.

Die Ebbe und Flut an unserer Nordseeküste.

Wie in allen Meeresbecken wird auch in der Nordsee eine eigene Flutwelle erzeugt; dieselbe ist aber im Verhältnis zu der aus dem Atlantischen Ocean kommenden so gering, daß sie ganz unberücksichtigt bleiben kann; die Ursache hiervon ist neben der verhältnismäßig geringen Ausdehnung der Nordsee vor allem auch ihre geringe Tiefe.

Von den beiden im Norden und Süden um England herum in die Nordsee schlagenden Flutwellen ist natürlich die von Norden herkommende die wichtigere. Wie dieselbe mit der durch den Kanal kommenden in der Nähe der Doggerbank sich vereinigt und gemeinsam mit ihr wirkt, ist wissenschaftlich noch nicht völlig klargestellt. Als Resultat sei hier angeführt, daß die Flutwelle auf dem 54. Breitengrade in offener See den Charakter einer breiten, hin und herschwappenden, stehenden Welle hat, die bewirkt, daß wenn sich der Wasserspiegel im Westen an der englischen Küste hebt, er sich im Osten an der schleswig-holsteinischen Küste senkt und auf dem ganzen zwischenliegendem Gebiet der Strom sechs Stunden in westlicher und sechs Stunden in östlicher Richtung läuft.

In unserer deutschen Bucht, die ungefähr einen rechten Winkel bildet, dessen Scheitelpunkt die Elbmündung ist und deren einer Schenkel fast direkt nach Norden, deren anderer nach Westen verläuft, äußert sich die Ebbe und Flut in der Weise, daß zur Zeit der Flut das Wasser von allen Seiten nach der Elbmündung zuströmt. Man hat also an der schleswig-holsteinischen Küste außerhalb der Inseln Sylt und Amrum zur Zeit der Flut einen aus Norden kommenden Strom, an der Außenseite der am westlichen Schenkel gelegenen Inseln Wangeroog, Norderney, Borkum usw. einen von Westen kommenden Strom. Zur Zeit der Ebbe verbreitet sich das Wasser wieder strahlenförmig nach allen Seiten aus dem Scheitelpunkt des rechten Winkels heraus und die Strömungen sind die umgekehrten wie zu den Zeiten der Flut.

Selbstverständlich beziehen sich die angegebenen Stromrichtungen nicht auch auf das Wattenmeer zwischen Inseln und Festland; hier sind die örtlichen Verhältnisse, wie z. B. die Lage der Fahrrinnen, die Niveauhöhe der Watten und Sände und anderes mehr fast allein maßgebend.

Aus dem Fortschreiten der Flutwelle ist klar, daß das Hochwasser die außengelegenen Inseln und die Flußmündungen früher erreichen muß, als die weiter von der See abgelegenen Orte, so z. B. ist in Helgoland 1 Stunde 16 Minuten früher Hochwasser als wie in Cuxhaven, in Brunsbüttel dagegen ist es 1 Stunde später, in Glückstadt 2 Stunden, in Hamburg $4^1/_2$ Stunden später als in Cuxhaven. Je weiter landeinwärts, um so später und schwächer natürlich die Wirkung von Ebbe und Flut. Beiläufig sei bemerkt, daß die Flut noch bis 20 deutsche Meilen Elbaufwärts bemerkbar ist.

Unsere Küste und die ihr vorgelagerten Inseln werden selbstverständlich auch nicht gleichzeitig von der Flutwelle erreicht; der Zeitunterschied zwischen den einzelnen Orten bleibt sich aber immer gleich, sodaß, wenn man von einem Orte die Hochwasserzeiten weiß, man hiernach die Hochwasserzeiten an allen anderen Orten unserer Küste mit Hülfe einer Tabelle, die die Zeitunterschiede enthält, mit Leichtigkeit feststellen kann.

Als Beispiel seien hier zunächst die Hochwasserzeiten nebst Fluthöhen in den Monaten Juli und August 1907 der als Zentralstation geltenden Beobachtungsstation in Cuxhaven angegeben.

Wir sehen in der Tabelle all das vorher Erklärte bestätigt. Vor allem fällt die tägliche Ungleichheit, deren Ursachen ebenfalls dargelegt worden sind, auf. Noch nicht erklärt sind hierbei die großen Unterschiede der Fluthöhen am Vormittag und Nachmittag, ein Faktum, daß jeder Laie nicht nur aus der Tabelle, sondern auch am Strande selbst beobachten kann. Die Ursache dieser Erscheinung ist darin zu suchen, daß das höhere Hochwasser an einem Tage immer dasjenige ist, welches von der oberen Mondkulmination herrührt, wenn hierbei der Mond nördlich vom Äquator steht. Sehr allgemein gilt die Regel, daß im

	Juli 1907						August 1907			
	Vormittags			Nachmittags		Tag	Vormittags		Nachmittags	
Tag	Hochwasser-Zeit	Fluthöhe		Hochwasser-Zeit	Fluthöhe		Hochwasser-Zeit	Fluthöhe	Hochwasser-Zeit	Fluthöhe
1	5 Uhr 9 M.	3,14 mt		5 Uhr 26 M.	3,32 mt	1	8 Uhr 15 M.	2,94 mt	6 Uhr 29 M.	3,17 mt
2	5 " 59 "	3,00 "	☽	6 " 13 "	3,24 "	2	7 " 1 "	2,84 "	7 " 18 "	3,09 "
3	6 " 49 "	2,91 "		7 " 8 "	3,14 "	3	7 " 53 "	2,79 "	8 " 22 "	3,05 "
4	7 " 48 "	2,82 "		8 " 12 "	3,12 "	4	9 " 1 "	2,87 "	9 " 34 "	3,07 "
5	8 " 52 "	2,86 "		9 " 14 "	3,16 "	5	10 " 14 "	2,98 "	10 " 45 "	3,06 "
6	9 " 57 "	2,88 "		9 " 22 "	3,18 "	6	11 " 15 "	3,04 "	11 " 42 "	3,09 "
7	11 " 1 "	2,95 "	●	10 " 21 "	3,20 "	7	—	—	0 " 9 "	3,15 "
8	11 " 50 "	3,06 "		11 " —	—	8	0 " 36 "	3,12 "	0 " 58 "	3,26 "
9	0 " 14 "	3,24 "		0 " 38 "	3,16 "	9	1 " 21 "	3,11 "	1 " 30 "	3,32 "
10	0 " 59 "	3,24 "		1 " 19 "	3,21 "	10	2 " 0 "	3,14 "	2 " 3 "	3,37 "
11	1 " 39 "	3,28 "	☾	1 " 54 "	3,28 "	11	2 " 36 "	3,12 "	2 " 37 "	3,43 "
12	2 " 15 "	3,20 "		2 " 27 "	3,33 "	12	3 " 10 "	3,15 "	3 " 10 "	3,42 "
13	2 " 52 "	3,18 "		3 " 1 "	3,39 "	13	3 " 43 "	3,13 "	3 " 45 "	3,40 "
14	3 " 28 "	3,15 "		3 " 31 "	3,38 "	14	4 " 18 "	3,11 "	4 " 28 "	3,35 "
15	4 " 1 "	3,11 "		4 " 4 "	3,36 "	15	4 " 56 "	3,04 "	5 " 2 "	3,31 "
16	4 " 38 "	3,03 "		4 " 40 "	3,30 "	16	5 " 37 "	2,98 "	5 " 42 "	3,25 "
17	5 " 17 "	3,01 "		4 " 23 "	3,25 "	17	6 " 18 "	2,93 "	6 " 27 "	3,18 "
18	6 " 1 "	2,95 "	○	6 " 7 "	3,18 "	18	7 " 5 "	2,89 "	7 " 25 "	3,06 "
19	6 " 48 "	2,89 "		6 " 58 "	3,13 "	19	8 " 16 "	2,90 "	8 " 47 "	3,07 "
20	7 " 44 "	2,88 "		8 " 2 "	3,18 "	20	9 " 34 "	3,00 "	10 " 15 "	3,13 "
21	8 " 53 "	2,98 "		9 " 12 "	3,20 "	21	10 " 58 "	3,15 "	11 " 27 "	3,20 "
22	10 " 6 "	2,98 "		10 " 34 "	3,30 "	22	—	—	0 " 2 "	3,30 "
23	11 " 14 "	3,12 "		11 " 39 "	3,27 "	23	0 " 36 "	3,26 "	1 " 3 "	3,41 "
24	—	—	☽	0 " 18 "	3,38 "	24	1 " 30 "	3,31 "	1 " 49 "	3,50 "
25	0 " 45 "	3,39 "		1 " 14 "	3,50 "	25	2 " 16 "	3,26 "	2 " 31 "	3,56 "
26	1 " 39 "	3,40 "		2 " 3 "	3,55 "	26	3 " 4 "	3,27 "	3 " 18 "	3,53 "
27	2 " 28 "	3,38 "		2 " 50 "	3,53 "	27	3 " 45 "	3,21 "	3 " 58 "	3,46 "
28	3 " 21 "	3,37 "		3 " 37 "	3,47 "	28	4 " 26 "	3,15 "	4 " 35 "	3,37 "
29	4 " 7 "	3,28 "		4 " 22 "	3,36 "	29	5 " 8 "	3,06 "	5 " 11 "	3,31 "
30	4 " 51 "	3,11 "		5 " 5 "	3,26 "	30	5 " 41 "	2,97 "	5 " 42 "	3,22 "
31	5 " 35 "	3,08 "		5 " 47 "	3,26 "	31	6 " 14 "	2,90 "	6 " 23 "	3,06 "

57

Hochwasserzeiten.

Sommer die Tages-Hochwasser, im Winter die Nacht-Hochwasser die höheren sind, was hier allerdings nicht vollständig zutrifft.

Die Tabelle lehrt uns ferner, daß die Springfluten nicht genau mit Voll- und Neumond zusammenfallen, sondern sich verspäten. Der Grund ist das bereits erwähnte Nachschleppen der Flutwelle hinter dem Gestirn her, sowie der Ausgleichungswelle infolge von Reibung an Küsten und Meeresboden.

Nach der obigen Tabelle lassen sich die Hochwasserzeiten der nachstehenden Orte durch Zuzählen oder Abziehen bestimmter Zahlen leicht errechnen, nämlich:

Hochwasser in Helgoland ist 1 Stde. 16 Min. früher als in Cuxhaven

in	Wangeroog Spiekeroog Langeroog Baltrum	1½ Stunde		früher	
„	„ Norderney	1 Stunde	50 Min.	„	
„	„ Juist	„ 2	6	„	„
„	„ Borkum	„ 2	15	„	
„	„ Husum	1	13	später	
„	„ Hoyer	2	11	„	„
„	„ Westerland	0	40	„	„

Über die Höhen der Fluten seien hier ebenfalls einige Daten aufgeführt.

In Helgoland ist der durchschnittliche Unterschied zwischen Hoch- und Niedrigwasser 2,06 m.

Auf den westlichen Inseln von Wangeroog bis Borkum ist der Unterschied 2,4 bis 2,5 m.

Bei Westerland	1,6	m
Cuxhaven	2,8	„
Brunsbüttel	2,7	„
Hamburg	1,9	
Harburg	0,9	

Wir hätten hiermit das Wichtigste über Ebbe und Flut dargestellt. Zum Schluß sei noch bemerkt, daß die Ebbe und Fluterscheinungen noch wesentlich durch die herrschenden Winde beeinflußt werden. Starke Ostwinde treiben das Wasser aus der deutschen Bucht heraus, die Fluthöhen werden kleiner; starke Westwinde, die das Wasser auf die Küste zutreiben, bewirken höhere Fluten und können, wenn verschiedene ungünstige Momente zusammentreffen, Sturmfluten erzeugen.

Ebbe und Flut in der Ostsee.

Das Vorhandensein der Ebbe und Flut in der Ostsee ist im allgemeinen wenig bekannt; sie ist auch so gering, daß es erst vor etwa 50 Jahren mit Sicherheit festgestellt wurde. Die Gezeiten der Ostsee setzen sich zusammen aus der eigenen unbedeutenden Flutwelle, die von Mond und Sonne direkt erzeugt, von Osten nach Westen fortschreitet und der durch den Großen Belt und Sund vom Kattegat her eindringenden Gezeitenströmungen der Nordsee. Wie diese beiden Faktoren zusammenwirken, ist noch völlig unerforscht.

In Kiel beträgt die Fluthöhe	7	cm
„ Travemünde	6	„
„ Thiessow	2,2	„
„ Arkona „	2	
„ Swinemünde „	1,1	
„ Colbergermünde „	1,1	
„ Rügenwaldermünde	0,7	
„ Neufahrwasser	0,7	
„ Pillau „	0,6	
„ Memel „	0,5	

Wir sehen, wie die Gezeiten-Erscheinungen nach Osten hin, je größer die Entfernung von den Eingangstoren Belt und Sund wird, schnell abnehmen. Dem Auge des Laien erkennbar sind sie nicht, für die Schiffahrt haben sie keine Bedeutung, die Kenntnis ihres Vorhandenseins dürfte aber doch von allgemeinem Interesse sein und deshalb sind die wenigen Daten hier angeführt.

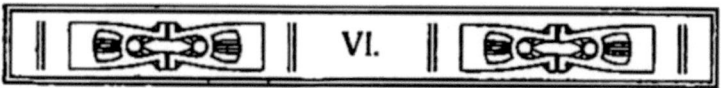

Sturmfluten der Nordsee.

Die alten Chroniken berichten von Sturmfluten nur, indem sie die untergegangenen Orte, die Verluste an Menschen und Vieh verzeichnen und überlassen es der Phantasie der Nachkommen, sich die Bedeutung dieser trocknen Zahlen selbst auszumalen. Erst über die großen Fluten des 18. und 19. Jahrhunderts haben wir Berichte, die uns diese furchtbare Geißel der Nordseeküste mit all ihren grausigen Einzelheiten näher vor Augen führen.

Wie die Stürme beschaffen sind, die uns die Sturmfluten bringen, wissen wir jetzt ziemlich genau. Die Haupturheber sind solche Minima, die von den Shetlandsinseln mit östlichem oder südöstlichem Kurse (siehe S. 21) fortschreiten, während entsprechende Maxima sich in Südeuropa oder Südengland befinden. — Ein einziges Minimum wird aber den Küsten noch nicht so leicht gefährlich, es müssen noch andere Momente hinzukommen. Vor allem muß der Sturm von längerer Dauer sein, sei es dadurch, daß mehrere Minima einander folgen oder Teilminima entstehen oder aber das Minimum längere Zeit stabil bleibt und sich nur langsam verflacht, wie es am 12. und 13. März 1906 der Fall war; ferner muß der Sturm mit der alle 14 Tage eintretenden Springflut zusammenfallen, es ist dies bei allen großen Sturmfluten, so auch im vorigen Jahr der Fall gewesen.

Die erste Sturmflut, von der uns friesische Chronisten zu berichten wissen, hat im Jahre 516 stattgefunden; dieselbe soll stärkere Verheerungen angerichtet haben als die sagenhafte cimbrische Flut und mit Erdbeben und Erdsenkungen verbunden gewesen sein.

Die zweite große Flut, von der wir wissen, vom Jahre 860 hat an der holländischen Küste bedeutende Veränderungen verursacht. Durch sie wurde der Rhein teilweise in den Leck geleitet und an der Küste sollen 2500 Häuser fortgerissen und viele Menschen und Vieh umgekommen sein.

Eine schwere Flut im Jahre 1164, die Julianusflut genannt, sowie 6 Jahre später die erste Allerheiligenflut haben in Holland weitere Verheerungen angerichtet; durch sie wurden die Inseln Texel und Wieringen vom Festlande getrennt sowie der Zuider-See erweitert.

Sturmfluten und ihre Verheerungen.

Im Jahre 1219 wurden durch die Marcellusflut fast alle Deiche zerrissen. Nach dem Chronisten sind dabei an die 100 000 (?) Menschen umgekommen und ein großer Teil der Küstenbewohner hat die Küste verlassen und ist weiter ins Binnenland gezogen.

Von der großen Reihe der Fluten in den folgenden zwei Jahrhunderten ragen besonders die Fluten von 1277 und 1362 hervor wegen ihrer Verwüstungen im Dollart und Jade-Gebiet.

Am 1. November 1570 fand die berüchtigte zweite Allerheiligenflut statt. — In dunkler Nacht sprang der herrschende Südweststurm plötzlich auf Nordwest um und da auch gleichzeitig Vollmond, also Springflut war, so waren die Bedingungen für eine Sturmflut erfüllt. Am schwersten litt die west- und ostfriesische Küste, in geringerem Maße die nordfriesische. Die Deiche wurden an vielen Stellen durchbrochen und mehr als 100 000 Menschen sollen wieder ihren Tod in den Wellen gefunden haben.

Ähnliche Verwüstungen hat die Fastnachtsflut vom 26. Februar 1625 angerichtet, die ebenfalls mit Springflut, diesmal bei Neumond, zusammenfiel. Die Bevölkerung hatte schon zuvor durch den 30jährigen Krieg stark gelitten und war nicht mehr imstande, die Deiche wieder sofort auszubessern. Letztere haben deshalb sieben Jahre hindurch offen gestanden, während welcher Zeit weite Strecken Landes völlig unbenutzt blieben und bei jedem Hochwasser überschwemmt wurden.

Die nun folgenden Fluten werden in dem großen Werke von Ahrends „Physische Geschichte der Nordseeküste und deren Veränderungen durch Sturmfluten", welches dieser nach der Sturmflut von 1825 verfaßt und aus den Chroniken zusammengestellt hat, näher beschrieben. — Von der verheerenden Flut 1634, die hauptsächlich die schleswig-holsteinische Küste und die nordfriesischen Inseln traf, heißt es da:

„Am 11. Oktober 1634 am Nachmittag entstand bei Neumond ein furchtbarer Südweststurm, der um 6 Uhr, als die Flut eintrat, noch heftiger wurde. Um 7 Uhr drehte sich der Wind nach Nordwesten und tobte so stark, daß fast kein Mensch stehen oder gehen konnte. Dabei regnete, hagelte, donnerte und blitzte es fürchterlich. Gegen 8 und 9 Uhr ging das Wasser an vielen Orten bereits über die höchsten Deiche und um 10 Uhr war das ungeheure Unglück schon geschehen. Das Wasser wogte 12—20 Fuß über der ganzen Marsch. Unzählige Deichbrüche waren entstanden; von ganzen Deichstrecken standen nur noch hin und wieder, gleich zerstreuten Hügeln, einzelne Teile. Niemand hatte dies Unglück vermutet, indem man die Deiche für

Sturmfluten und ihre Verheerungen.

stark genug hielt, der See Widerstand zu leisten. Die Einwohner hatten sich daher niedergelegt und ruhten in tiefem Schlummer, während ihre Häuser schon vom Wasser emporgehoben, umhertrieben. Viele, die keine Rettung sahen, banden sich mit Stricken an die Ihrigen, um im Tode wie im Leben vereint zu bleiben; andere flüchteten auf die Dächer und wurden wie Schiffbrüchige hin und hergetrieben. Bald aber wurden die Dächer zerschlagen, die Unglücklichen von einander getrennt, auf einem Stück des Daches der Vater, auf einem andern die Mutter, auf dem dritten zarte Kinder, verzweiflungsvoll die Hände ringend."

An einer andern Stelle heißt es: „Ganz Ditmarschen war ein großer See; Schiffe gingen über die Deiche hinweg weit ins Land hinein. Es kamen in der Flut 11 000 Menschen und 80 000 Stück Vieh um."

Geradezu unglaublich klingt es, wie man nach der Sturmflut mit den armen Bewohnern von Nordstrand verfuhr. Die Flut hatte die meisten Häuser zerstört und die Deiche zum Teil weggeschwemmt. Da die Bewohner außer Stande waren, mit eignen Mitteln die Deiche wiederherzustellen, so überließ der Herzog Friedrich III. die Inseln nebst ihren Einwohnern einer niederländischen Gesellschaft und räumte derselben fast vollständige Souveränitätsrechte ein, die sich teilweise bis in die Mitte des vorigen Jahrhunderts erhalten haben. Die alten Einwohner wurden von den neuen Besitzern einfach von Haus und Hof gejagt und wanderten aus, um der Leibeigenschaft zu entgehen. Ein Teil soll sich nach Föhr, andere nach Holland oder auch nach der Uckermark in Pommern gewandt haben. Und dennoch; vielleicht ist es nur dieser grausamen Vergewaltigung der Einwohner zu verdanken, daß Nordstrand nicht in kuzer Zeit ganz untergegangen ist, denn die Holländer unternahmen es sofort, die Inseln wieder mit festen Deichen einzufassen, ein Werk, das für den Herzog Friedrich wie für irgend einen deutschen Küstenstaat im dreißigjährigen Kriege unausführbar gewesen wäre.

Aus dem nächsten Jahrhundert ragt die Weihnachtsflut von 1717 über alle anderen weit hervor. In ihr fanden 10 800 Menschen und 90 000 Stück Vieh ihren Tod in den Fluten und an 5000 Häuser wurden weggespült. Trotzdem sie ausnahmsweise nicht mit einer Springflut zusammenfiel, es war letztes Mondviertel, wurde sie doch der Küste verderblich, weil es, ähnlich wie vor der Flut am 13. März 1906, bereits Tagelang vorher infolge anderer Minima stark aus Westen geweht hatte, wodurch große Wassermassen in der östlichen Nordsee aufgestaut waren. — Wir entnehmen dem Werke von Ahrends die nachfolgende Schilderung, die sich in den Einzelheiten auf die Stadt Emden bezieht:

Sturmfluten und ihre Verheerungen.

„Nachdem es mehrere Tage vor Weihnachten stark und anhaltend aus Südwest geweht hatte und dadurch viel Wasser durch den Kanal in die Nordsee getrieben war, wandte sich am heiligen Abend der Wind westlich, wurde mit Sonnenuntergang Nordwest, ließ aber dann allmählich nach. Niemand ahnte daher in Emden die drohende Gefahr, um so weniger, als der Mond im letzten Viertel stand und die nächste Flutzeit erst gegen 7 Uhr des nächsten Morgens eintreten mußte.

Da erhob sich unerwartet zwischen 1 und 2 Uhr der Sturm wieder mit unerhörter Wut aus Nordwest (nach unsern heutigen Kenntnissen wahrscheinlich infolge eines Teilminimum). Die See schwoll rasch zu solcher Höhe an, daß schon kurz nach 2 Uhr das Wasser durch die ganze Stadt strömte. Die Fluten sollen an einzelnen Stellen mehrere Fuß über die Deiche hinweggegangen sein. Letztere vermochten dem Andrang der Wogen nicht zu wiederstehen und brachen an vielen Stellen. Mit reißender Schnelligkeit ergoß sich das wildtobende Wasser in die weiten offenen Ebenen, sodaß in kurzer Zeit alles rings umher einer aufgeregten See glich.

Die sorglosen Bewohner wurden mitten in finsterer Nacht aus dem ersten tiefen Schlaf durch das Heulen des rasenden Sturmes, das Rollen des Donners und das Getöse der einbrechenden Wogen aufgeweckt. Kein Stern leuchtete ihnen, einzelne Blitze nur durchzuckten den finstern Himmel. Von dem schnell höher steigenden Wasser überrascht, mußten viele halb oder fast ganz nackt auf Böden und Balken, wohin sie sich gerettet, die Nacht zubringen, kämpfend gegen Hunger, Kälte, Durst und Tod. Und als endlich die Nacht des Schreckens vorüber war und das heißersehnte Tageslicht anbrach, brachte dies keinen Trost, sondern zeigte nur das Unglück in seiner ganzen Größe. — Nicht wie sonst fiel das Wasser um die Ebbezeit, sondern der volle drei Tage unausgesetzt wütende Orkan trieb immer neue Wogen gegen die Küste und so lange blieb die See überall stehen.

Schrecklich war der Anblick des Landes nach dem Abzug des Wassers. Überall fand man auf den Feldern Leichen; solche wurden sogar noch im Sommer darauf beim Aufräumen der angeschwemmten Heu und Strohhaufen im Schlamm und in Gräben gefunden. Fast keine Familie gab es, welche nicht das Leben eines oder mehrerer Angehörigen betrauerte. Es dauerte Jahre, ehe die Deiche wieder geschlossen werden konnten, denn neue Fluten, namentlich während der ersten Jahre, zerstörten immer wieder das mühsam Wiederhergestellte und überschwemmten von Neuem das Küstengebiet; erst im Jahre 1725 sind im Emdener Amt die Hauptdeiche vollendet worden."

Sturmfluten und ihre Verheerungen.

„Die Sturmflut erstreckte sich längs der ganzen südlichen und östlichen Nordseeküste; am schwersten wurde Groningen, Ostfriesland, Jever und Oldenburg mitgenommen."

Im vorigen Jahrhundert, am 3. und 4. Februar 1825, hat wohl die größte Flut stattgefunden, von der die Geschichte zu berichten weiß. — Nach Arends, welcher in Emden Augenzeuge derselben gewesen ist, sind durch sie fast 1000 Menschen und 45000 Stück Vieh umgekommen (diese gewissenhafte Aufzählung des versäuften Viehs geht übrigens durch alle Jahrhunderte und zeugt von der großen Bedeutung desselben in den Marschgegenden), 2400 Häuser wurden zerstört und 8700 beschädigt. Deichbrüche und Überschwemmungen fanden an der ganzen Küste statt und große Gebiete um Dollart, Jadebusen, an der Weser und Elbe, an letzterer bis nach Hamburg hinauf, standen unter Wasser. — Die Flut fiel mit Vollmond und der Erdnähe des Mondes zusammen, zwei wichtige Momente waren also gegeben. — Aus der Brochüre eines Augenzeugen, eines Amtmann Hollmann, sind folgende Angaben, die sich allerdings nur auf das Jadegebiet beziehen, entnommen.

„Am vormittag des 3. Februar regnete es stark bei Westsüdwest-Wind, am Nachmittag wurde der Wind westlich, verwandelte sich aber gegen Abend in Westnordwest-Sturm, welcher heftige Böen, Hagelwetter und Gewitter mit sich führte. Obgleich die Mittagsflut des 3. Februar das gewöhnliche Maß überschritt, so war es doch nicht der ungewöhnliche Höhepunkt des Wassers, der Bedenken erregte, es waren vielmehr andere Wahrnehmungen, die das Schlimmste befürchten ließen. — Man beobachtete nämlich, daß das Wasser beim Eintritt der Ebbe nur unbedeutend zurückwich, ferner, daß es vor der regelmäßigen Flutzeit wiederkehrte und endlich, daß es 2—3 Stunden vor Hochwasser gegen Abend der Deichkappe sich näherte. Bald rollten denn auch die Wogen darüber hinweg und schon um 10 Uhr abends überströmte die Flut die Deiche auch an den höchsten Punkten. Nachdem sie längere Zeit die erreichte Höhe von 11—13$^1/_2$ Fuß über gewöhnliche volle See behauptet, fiel sie langsam wieder ab.

Der nächste Morgen enthüllte die Verheerungen der durchlebten Katastrophe nebst Gefahr verkündenden Symptomen für die nächsten Stunden. Bevor noch die Zeit der Ebbe verstrichen, kehrte mit schnellem Wachsen die Flut zurück und die vom anhaltenden Sturm aufgeregte See schleuderte zum zweitenmal ihre schäumenden Brandungen der Küste zu, in der letzten Stunde das Werk der Zerstörung vollendend. Die Flut gewann bald wieder die vorher erlangte Höhe, ebbte dann aber zum Glück schnell ab." — Es folgen jetzt die Berichte über Verheerungen, die die Flut angerichtet; sie lesen sich genau wie die aus früheren Zeiten und erübrigt es sich, näher darauf einzugehen.

Soweit über die Sturmfluten früherer Jahrhunderte. — Wir kommen jetzt zu einer der großartigsten Sturmfluten aller Zeiten, derjenigen vom 13. März 1906; über sie haben wir zum erstenmal die detailliertesten Nachrichten und die genauesten meteorologischen Angaben der Seewarte.

Das, was diese Flut so außerordentlich gefährlich gemacht hat, war nicht so sehr der Sturm, der die Stärke 10 gar nicht überschritten hat, als vielmehr das Zusammentreffen dreier wichtigen Faktoren: erstens, daß sie mit der Springflut zusammenfiel, zweitens, daß Mond und Sonne beide gleichzeitig annähernd über dem Äquator standen, ihr beiderseitiger Einfluß sich also summierte und drittens, daß es, ebenso wie 1825, bereits an den Tagen vorher infolge anderer Minima stark aus Westen geweht hatte. Das hierdurch in dem östlichen Winkel der Nordsee aufgestaute Wasser hatte noch nicht Zeit gehabt, wieder zurückzufließen, als das große Minimum seine Wirkung anfing auszuüben. — Die Flut kann sich an Höhe den größten Fluten an die Seite stellen, und wenn sie dank der besseren und höheren Deiche auch nicht ganze Ländergebiete überschwemmt und Tausende von Menschen ertränkt hat, so berechnen sich ihre Verheerungen dennoch auf Millionen. Im größeren Publikum im Binnenlande ist das große Naturereignis allerdings kaum beachtet worden, da gerade zu der Zeit Marokko-Konferenz und Grubenunglück in Courrières alles Interesse für sich beanspruchten; wer aber die Nordseeküste im vorigen Jahre besucht hat, ist sicherlich an vielen Stellen auf die Verwüstungen dieser kritischen Tage gestoßen.

Die meteorologischen Erscheinungen bei der Sturmflut sind bereits in dem Abschnitt „Stürme" beschrieben. Hier seien nur ihre Wirkungen auf die Küste kurz angeführt und zwar dürften zu diesem Zweck einige Zeitungsdepeschen aus den kritischen Tagen den besten Überblick gewähren. Sie lesen sich fast genau so, wie die Berichte aus früheren Jahrhunderten.

Emden, den 13. März: Der seit Sonnabend (den 10. März) wütende Sturm hat an der ostfriesischen Küste und den ihr vorgelagerten Inseln furchtbare Verheerungen angerichtet. Bei Oldersum ist der Deich unterspült und an mehreren Stellen überflutet. In Borkum sind 300 m der Strandschutzmauer weggeschwemmt usw.

Cuxhaven, 13. März. Gestern morgen setzte hier ein schwerer Nordweststurm ein, hielt den ganzen Tag über an und steigerte sich über Nacht zu orkanartiger Stärke. Das Wasser,

Sturmfluten und ihre Verheerungen.

das schon mit der Nachmittagsflut hochgestiegen war, erreichte um 3 Uhr nachts seinen höchsten Stand mit 8,05 m. Um die Zeit war die Lage äußerst kritisch, denn das Wasser reichte bis ganz dicht unter dem oberen Rand des Seedeichs. Schon um 2 Uhr war die Garnison alarmiert. Abteilungen von 30 bis 40 Mann wurden an die besonders bedrängten Stellen geschickt. Die Schäden, die der Sturm angerichtet hat, sind sehr schwer. Der Seedeich wies heute morgen in Döse an verschiedenen Stellen große und tiefe Löcher auf (es ist dies dieselbe Stelle, an der 10 Jahre früher ebenfalls so große Beschädigungen entstanden waren). Die Löcher mußten sofort zugeschüttet und mit Buschwerk belegt werden.

Der Deich von Neuwerk hat mehrere Risse bekommen. An einigen Stellen ist das Wasser über ihn hinweggelaufen.

Antwerpen, den 13. März: Eine Flutwelle hat ungeheuren Schaden hier und in der Umgegend angerichtet. Das Wasser ist um 0,2 m höher gestiegen als bei der Sturmflut im Jahre 1877. In Vlissingen steht die ganze Stadt unter Wasser, die Dünen sind an verschiedenen Stellen durchbrochen. 12 Menschen sind in den Fluten umgekommen.

Brüssel, den 14. März: Die furchtbare Sturmflut, welche während der letzten Tage an der belgischen Küste gewütet, hat ungeheuren Schaden angerichtet; man schätzt ihn nach Millionen. — In Melsen durchbrach das Wasser der Schelde die Deiche und überschwemmte die Niederung. Mehrere Häuser sind bis ans Dach unter Wasser gesetzt, drei Frauen ertranken, zehn Personen werden vermißt. — In Ostende drang das Wasser über die Deiche und richtete großen Schaden an.

Rotterdam, den 14. März: Aus allen Teilen der Provinzen Nord- und Süd-Hollands und Seelands kommen heute früh Meldungen über die Sturmflut. Bei nordwestlichem Sturm stieg das Wasser gestern Nacht urplötzlich und erreichte an vielen Orten eine außerordentliche Höhe usw.

Nordenham, 13. März: Die beispiellose Hochflut der letzten Nacht durchbrach den Deich im Fischereihafen und richtete großen Schaden an.

Diese Telegramme dürften zur Genüge zeigen, was die Sturmflut im März 1906 bedeutete. Heute weiß kaum noch jemand von ihr etwas, während Erdbeben in St. Franzisko und Valparaiso, sogar der Vesuv-Ausbruch sich dem Gedächtnis der meisten unauslöschlich eingeprägt haben dürften.

Sturmfluten und ihre Verheerungen.

Es scheint demnach, als ob es nur auf die Größe des angerichteten Schadens ankommt, wenn Ereignisse auf unsere Phantasie Eindruck machen sollen, hingegen die großartigsten Naturerscheinungen, mögen sie sich auch in unserer nächsten Nähe, an unseren eigenen Küsten abgespielt haben, fast spurlos an uns vorübergehen.

Die Sturmfluten der Ostsee.

Vor der ewig drohenden Gefahr hereinbrechender Sturmfluten ist der größte Teil der Ostseeküste sicher, nur der westliche Teil der Küste von Swinemünde bis Schleswig kann von Sturmfluten wirklich schwer heimgesucht werden; aber es fehlt hier deren Bundesgenosse, die Ebbe und Flut, und es müssen schon selten vorkommende, meteorologische Verhältnisse eintreten, die es vermögen, solche furchtbaren Sturmfluten zu erzeugen wie sie die Nordsee nur zu häufig aufzuweisen hat.

Die gefährlichen Stürme für die Ostseeküste sind die Nordoststürme, also solche, die von Minima herrühren, welche sich südlich von der Küste befinden. Derartige Minima ziehen, wie unter Abschnitt „Stürme" näher ausgeführt worden ist, entweder mit östlichem Kurs vom Kanal quer durch Deutschland oder mit nördlichem Kurs vom Adriatischen Meer nach dem finnischen Meerbusen ihre Bahn. Der Nordoststurm treibt dabei das Wasser in die flachen und engen Gewässer der westlichen Ostsee gegen die pommersche, mecklenburgische und schleswig-holsteinische Küste und in ganz extremen Fällen staut er es an den Küsten so hoch auf, daß es denselben verderblich werden kann; aber dank ihrer günstigeren Formation, der hohen Ufer oder, wo diese fehlen, der Dünenbildungen, haben die Ostsee-Sturmfluten den Ufern auch noch nicht den 20. Teil an Land zu entreißen vermocht als es die Nordsee-Sturmfluten getan haben, Tod und Elend haben sie aber doch in Überfülle mit sich geführt.

Seit geschichtlicher Zeit sind es hauptsächlich vier große Fluten, die über die große Anzahl kleinerer hervorragen. Die erste von ihnen fand am 1. November 1304 statt; von ihr berichtet die Stralsunder Chronik:

„Im J. 1304 umma alles Godes hilligen weyede so ein groth stormwind, nicht gehört bi minschen thiden, Böme uth de erden, Dörpe, möhlen umme un mackede so groth water umme dit land, datt dat nye Deep uthbrack; und tho gande von einem lande up dat andere, dat was water" (oder: „Im Jahre 1304 um alles Gottes Heiligen wehte ein so großer Sturmwind, nicht gehört bei Menschen Zeiten, Bäume aus der Erde, Dörfer, Mühlen um und machte so großes Wasser um das Land, daß das Neue Tief (Landtief südlich von Mönchgut) ausbrach; und das Ganze von einem Land (Mönchgut) auf das andere (Ruden) das war Wasser.") — Die Karte zeigt uns heute einen Zwischenraum zwischen beiden von etwa einer deutschen Meile.

Die Sturmfluten der Ostsee.

Die zweite große Flut hat 1625 stattgefunden. Von ihr berichtet ein Augenzeuge, Johannes Stein, Prediger zu Rostock „daß am 10. Februarii, auf den Nachmittag um 12 Uhren das Wasser nicht allein ganz plötzlich und unvermutet sehr hoch gewachsen, sondern auch, daß bald darauf sich ein erschröckliches und unerhörtes Ungestüm durch einen gewaltigen und starken Nordosten-Sturmwind erhoben und dermaßen mit unaufhörlichem Sausen und Brausen, so mit scharfen Schnee und Schlossenregen vermischt gewesen, angehalten und herein geschlagen, daß dadurch nicht allein an der See und zu Warnemünde, sondern auch allhie zu Rostock trefflicher großer Schaden geschehen," usw.

Daß dieser Schaden die ganze westliche Ostseeküste betroffen, zeigen viele Überlieferungen. — In Pommern sah sich die hohe Obrigkeit, und das will für die damalige Zeit viel sagen, im folgenden Jahre sogar gemüßigt „etlichen Commissariis die Besichtigung der Örter anzubefehlen, da zu unterschiedenen Mahlen die Wasserfluten merklichen Schaden gethan, die da sollten alles in Augenschein nehmen und ferner an die Hand geben, wie dem ferner großen Unheil kann vorgebauet werden." — Geschehen ist aber anscheinend nichts, das mußte erst Preußens starker Wille und starker Arm, mit dem vorigen Jahrhundert beginnend, besorgen.

In das 17. Jahrhundert, auf den 10. und 11. Januar, fällt noch eine zweite große Flut, die ihre Vorgängerin an Höhe noch um ein Geringes übertroffen hat. — Am blauen Turm zu Lübek sowie am Amtshause zu Travemünde sind alle Wasserstandsmarken der großen Sturmfluten gewissenhaft verzeichnet worden. Danach war die Flut von 1625 — 2,804 m über dem mittleren Meeresspiegel, die von 1694 aber noch um 2 cm höher.

Beide werden aber noch weit übertroffen von der größten und furchtbarsten Sturmflut, die die Ostseeküste in geschichtlicher Zeit überhaupt betroffen hat, nämlich der Flut vom 12. und 13. November 1872, die eine Höhe von 3,38 m, also noch 56 cm mehr als 1694, erreichte. Übrigens ist diese größte aller Ostseefluten noch um 2 m niedriger gewesen als die vom 12. und 13. März 1906 in der Nordsee. Die meteorologischen Vorgänge während derselben sind so eigenartige, daß eine kurze Beschreibung von Interesse sein dürfte.

Der verhängnisvolle Nordostwind setzte bereits am 10. November in dem mittleren Teil der Ostsee, anfänglich in geringer Stärke ein, dehnte sich am nächsten Tage nach beiden Seiten über die ganze Küste aus, an Heftigkeit mehr und mehr zunehmend. Am 12. herrscht überall Sturm. Das westliche Ostseebecken beginnt sich zu füllen, das Wasser steigt langsam bis 1 m über mittleren Wasserstand.

Um Mitternacht den 12. weht auf dem Gebiet von Colberg bis zur holsteinischen Küste ein furchtbarer Orkan, der seine größte Stärke bei Rügen um 8 Uhr morgens den 13. erreicht. Zur selben Zeit liegt das Minimum über Sachsen mit einer Tiefe von 745 mm, während ein selten hohes Maximum von 785 mm über dem nördlichen Schweden sich erstreckt. Der große Unterschied der Barometerstände von 40 mm sowie die geringe Entfernung zwischen Maximum und Minimum machen die Heftigkeit des Sturmes nur zu erklärlich. — Die Wetterlage um diese Zeit ist aus der Wetterkarte 7 im Anhang ersichtlich und bedarf keiner Erklärung.

Im weiteren Verlauf, und dies dürfte das seltsamste an dem ganzen Naturereignis sein, schlug das Minimum die ungewöhnliche Bahn von Osten nach Westen ein, um im Biskaischen Meerbusen zu verschwinden. In welcher Weise die Wassermassen durch den Sturm aus dem östlichen Teil der Ostsee in den westlichen getrieben worden sind, zeigen folgende Angaben.

Bei Windau in Kurland sank das Wasser durch den Sturm um 0,81 m, bei Memel um 0,42 m unter Mittelhöhe.

Die Grenze zwischen Steigen und Fallen lag etwa bei Pillau, wo der Wasserstand sich nicht änderte. Von da ab nach Westen zu beginnt das Wasser mehr und mehr zu steigen und zwar

bei Stolpmünde	um 0,55 m	über Mittel
Rügenwaldermünde	0,95 m	
Swinemünde	1,40 m	
Thiessow	2,20 m	
Wismar	2,98 m	
Travemünde	3,32 m	
Kiel	3,17 m	
Flensburg	3,31 m	
Schleimünde	3,20 m	
Alvösund	3,50 m	

Eine Beschreibung des menschlichen Elends, das die Flut an unseren Küsten verursacht hat, mag unterbleiben. Die Berichte lesen sich genau wie die von den Sturmfluten an der Nordseeküste. Die direkten Beschädigungen der Ufer erstreckten sich auf Wegspülen der Vordünen und teilweisen Abbruch der größeren Dünen, Abbruch der hohen Ufer, besonders der Tonufer bei Groß-Horst in Pommern sowie in Schleswig-Holstein, schließlich auf Wegreißen der niedrigen Deiche und Dämme, wo solche vorhanden.

Die Sturmfluten der Ostsee.

Seitdem sind große Sturmfluten in der Ostsee nicht mehr vorgekommen, kleinere eine ganze Anzahl. So wurde im März vorigen Jahres, 10 Tage nachdem die Nordsee auf ihrem Gebiet auf ihre Weise Deichschau gehalten, auch den Bewohnern der westlichen Ostseeküste eine leise Warnung zuteil.

Am 23. März nämlich zog, ähnlich wie am 12: Nov. 1872, ein Minimum seine seltene Bahn von Italien nach Norden bis zur Ostsee in der Nähe von Swinemünde, um dann nach Osten abzubiegen. Während dessen lag nördlich von Schottland ein Maximum von 770 mm; dasselbe schritt aber nicht weiter nach Osten, sondern verflachte sich, und diesem Umstand ist es vielleicht zu verdanken, daß aus starkem eisigen Nordostwind nebst Hochwasser nicht ein gefährlicher Sturm mit Sturmflut geworden ist. Am 23. betrug der Unterschied zwischen Maximum und Minimum 35 mm, also nur 5 mm weniger als 1872 bei ungefähr gleicher Entfernung von dem Maximum.

Über die Wirkung, die das Minimum auf das Meeresniveau ausgeübt, geben folgende beiden Telegramme Aufschluß: Kiel, den 24. März: „Infolge des Oststurmes ist Hochwasser eingetreten, das auf 1 m über dem Normalstand angewachsen ist. Die Landungsbrücken sind überschwemmt. Die Kriegsschiffe haben die Übungsfahrten eingestellt". Ferner aus Lübek vom selben Tage: „Seit letzter Nacht wütet hier ein heftiger Schneesturm, Kanonenschüsse kündigten heute eine Sturmflut an und forderten die Bewohner der niedrig gelegenen Stadtteile auf, ihre Wohnungen zu räumen. Die Trave ist stellenweise über ihre Ufer getreten." — Im östlichen Deutschland hat dies Minimum, ebenso wie die meisten anderen, die eine ähnliche Zugstraße ziehen, Schneestürme und schwere Verkehrsstörungen hervorgerufen.

Der Kampf gegen die Sturmfluten.

Seit mehr denn einem Jahrtausend herrscht ein erbitterter Kampf zwischen den gierigen Meeresfluten und dem Menschen. Seit zwei Jahrhunderten ist letzterer, trotz mancher Niederlagen, Sieger geblieben, denn mögen die Inseln und Halligen seitdem auch immer mehr zusammengeschrumpft sein, am Festlande ist dafür um so mehr Land wiedergewonnen worden. — Unsere Verteidigungsmittel sind die Erdwälle, die Deiche, unsere Angriffswaffe die Buhnen und Dämme, die der Strömung die Wege weisen und das Wasser zwingen, seine festen Bestandteile auf den Grund sinken zu lassen.

Dem ewig wachsamen Feind gegenüber heißt es aber ebenfalls auf der Hut sein und die Waffen scharf und widerstandsfähig zu erhalten. Ein Nachlassen hierin hieße das Leben von vielen Tausenden von Menschen gefährden und unendliches Elend heraufbeschwören und deshalb ist es kein Wunder, daß seit uralten Zeiten auf Instandhaltung der Deiche mit drakonischer Strenge gehalten wird.

Wer seine Pflichten hierin vernachlässigte, verlor sein Land nach dem kurzen Rechtsgrundsatz: „De nich will diken, mot wiken"

Wer den Deich beschädigte, dem wurde nach dem Stedinger Deichrecht von 1424 die Hand abgehauen.

Wer ihn vernachlässigte, sodaß dadurch ein Deichbruch verursacht worden war, wurde lebendig zusammen mit Steinen und Balken seines Hauses in der Deichlücke begraben, um gewissermaßen im Tode seine Pflicht nachzuholen. — Fluchen und Schimpfen in der Nähe des Deiches wurden hart bestraft; der Deich galt überhaupt in gewisser Beziehung als geheiligt und gewährte eine Art Asylrecht.

Einige Überreste des alten Deichrechts haben sich noch bis auf den heutigen Tag erhalten, so die Verpflichtung der Bewohner zu Deicharbeiten, ferner die sogenannte Deichschau durch Beamte und Deichgeschworne im Herbst und Frühjahr jeden Jahres mit daran sich anschließenden Festessen.

Wie sich der Kampf zwischen Sturmfluten und Deich in Wirklichkeit abspielt und hierbei der Deich schließlich unterliegen kann, zeigt uns folgende Stelle eines offiziellen Berichts über die Beschädigungen der Sturmflut 1872. Es heißt dort von dem Deich der Insel Zingst: „Solange die Flut die Deichkrone nicht überschritt, haben die Deiche trotz ihrer leichten Konstruktion bei 1,25 m Kronenbreite sich wehrfähig behauptet. Mit der Überflutung dagegen wurde die Krone und die Binnenböschung zerstört und hiermit der Fall des Deiches eingeleitet. Der Deich hatte vorher für die Passanten einen bequemen Fußweg auf seiner Krone geboten, sodaß die Grasnarbe auf derselben vielfach abgestorben war und gerade diese Punkte waren es, bei denen die Überflutung die ersten Zerstörungen anrichtete, während anderwärts ganze Deichstrecken wohlerhalten geblieben sind."

Ähnlich wie die kleinen Deiche am zahmen Ostseestrand von dem Andrang der Wogen besiegt werden können, ist dies auch mit den Deichriesen an der Nordsee gegen allerdings viel schlimmere Gewalten der Fall. Auch hier kommt es darauf an, ob, wenn das Wasser die Deichkrone erreicht hat, die obere Fläche haltbar ist oder aufweicht. An der geringsten Lockerheit des Erdbodens, an einem Mauseloch oder einem Maulwurfsgang kann dann das Leben Tausender hängen. Schon mehrfach soll in solchen furchtbaren Augenblicken das Hinwerfen einiger Steine oder Sandsäcke, ja in Ermangelung derselben sogar das Sichhinwerfen und Decken mit dem eigenen Leibe den Deich vor dem Bruch und das Land vor einer Katastrophe bewahrt haben. — Derartiges klingt fast wie ein Märchen, wenn man die Dimensionen der Deiche an der Nordsee sieht, die je nach ihrer Lage eine Höhe von 15—30 Fuß erreichen und an ihrem unteren Teil mindestens doppelt so stark sind.

Und doch ist es nicht allein die Krone, wo der Deich verwundbar ist, sondern er ist es auch trotz seiner enormen Dicke an den Seiten. Fehlt an der Graspanzerung ein Stück Rasen oder ist er durch Maulwurfshaufen gelockert, so reißen die Wellen sofort aus dieser Stelle die Erde heraus und es entstehen Löcher, die sich rapide vergrößern. Diesen Vorgang hat Verfasser bei der Sturmflut am 5. und 6. Dezember 1895 in Cuxhaven selbst zu beobachten Gelegenheit gehabt.

Diese Sturmflut, die Folge eines Minimum der gefährlichen Zugstraße von den Shetlandsinseln nach Südosten, zeichnete sich durch ihre außerordentliche Dauer aus; sie erstreckte sich über drei Hochwasser, sodaß jede neue Flut die vorher entstandenen Löcher weiter vergrößerte, trotzdem sie in der Ebbzeit mit Hunderten von Sandsäcken ausgefüllt worden waren. Erst als die Flut vorüber war, konnte zu gründlicher Ausbesserung der schadhaften Stellen geschritten werden. — Solche Deich-Reparaturen geschehen nach uralt hergebrachter Weise und sind so einfach wie möglich. Die Löcher werden mit Erde ausgefüllt und festgestampft und dann benäht oder bestickt, wie die tech-

Der Kampf gegen die Sturmfluten.

nischen Ausdrücke hierfür lauten. Zu diesem Zweck wird Stroh oder Schilf in schmalen Bündeln neben und über einander gelegt und mit einer Art Klammer, den sogenannten Deichnadeln, am Boden befestigt. An der glatten Fläche gleiten dann die Wellenkämme entlang ohne das Erdreich herausreißen zu können. Wer im Winter die Deiche sieht, kann an ihrer Außenseite häufig derartige Stellen, die sich genau so wie draufgesetzte Flicken ausnehmen, bemerken; sie werden bei Eintreten besserer Jahreszeit durch eine Grasnarbe ersetzt.

Wie lange die Nordseeküste durch die Deiche, den goldenen Reif, wie sie der hohen Kasten wegen auch genannt werden, bereits gegen die See verteidigt wird, weiß man nicht, die Ansichten gehen hierüber weit auseinander. Die einen nehmen an, daß schon zur Römerzeit hier und dort Deiche aufgeführt worden sind und beziehen sich auf die Berichte von Tacitus, wonach Drusus bereits 9 Jahre vor unserer Zeitrechnung am Rhein Dämme gebaut hat. Andere behaupten nach alten Überlieferungen, daß ein König Adgil die Friesen im siebenten Jahrhundert den Deichbau gelehrt habe; wieder andere, daß erst im 10. Jahrhundert oder noch später mit dem Deichschutz begonnen wurde. Aus dem dreizehnten Jahrhundert berichtet uns eine Chronik, daß die Deiche noch so niedrig gewesen seien, daß man habe darüber hinwegsehen können, sie dürften also etwa von der Größe unserer jetzigen Sommerdeiche gewesen sein.

Jedes Jahrhundert hat die Deiche mächtiger gemacht bis schließlich die heutigen Deichriesen entstanden sind, ein Menschenwerk, gegen das die Pyramiden, die chinesische Mauer, der Suez-Kanal, die Nildämme und der Mont-Cenis-Tunnel weit zurückstehen. Eine absolute Sicherheit bieten sie aber trotz alledem nicht, das hat uns nur zu sehr die Sturmflut im vorigen Jahre gelehrt. Sie würden dem Anprall der Wogen auch längst unterlegen sein, wenn sie nicht an den vorliegenden Inseln und Watten einen vorzüglichen Schutz hätten, die die Gewalt der anstürmenden Wellen brechen und für die Küste ungefähr dasselbe bedeuten, was die Außenforts für eine Festung sind. Aus diesem Grunde, also nicht nur der Inseln selbst wegen, wird auch alles daran gesetzt, die Inseln zu erhalten; ferner wird vor den Deichen durch Buhnen und Dämme weiteres Vorland zu schaffen gesucht, das später, sobald es sich mit einer Grasnarbe bezogen hat, zunächst durch kleinere Deiche, Sommerdeiche, eingepoldert wird. Neuerdings werden auch verschiedene Halligen unter einander sowie mit dem Festlande verbunden, ein Werk, daß Hunderttausende kostet, sich aber durch die stärkere Anschlickung und den vermehrten Deichschutz durchaus lohnt.

Der Kampf gegen die Sturmfluten.

All diese Arbeiten sind seit Entstehung des deutschen Reiches mit großartiger Energie in Angriff genommen worden und mit Faust kann der deutsche Michel stolz sagen:

„Eröffn' ich Räume vielen Millionen
Nicht sicher zwar, doch tätig frei zu wohnen;
Grün das Gefilde, fruchtbar; Mensch und Heerde
Sogleich behaglich auf der neusten Erde,
Gleich angesiedelt an des Hügels Kraft,
Den aufgewälzt kühn-ems'ge Völkerschaft,
Im Innern hier ein paradiesisch Land,
Da rase draußen Flut bis auf zum Rand,
Und wie sie nascht, gewaltsam einzuschließen,
Gemeindrang eilt, die Lücke zu verschließen." —

Oder sollte all die Arbeit doch schließlich vergeblich sein, die Küste noch weiter versinken und Mephisto mit den Worten Recht behalten? —

„Du bist doch nur für uns bemüht
Mit deinen Dämmen, deinen Buhnen;
Denn du bereitest schon Neptunen,
Dem Wasserteufel, großen Schmaus.
In jeder Art seid Ihr verloren;
Die Elemente sind mit uns verschworen,
Und auf Vernichtung läuft's hinaus."

Für die nächsten Jahrhunderte tut es das jedenfalls nicht und die Köpfe für unsere Nachkommen im 50. Glied und darüber brauchen wir uns nicht zu zerbrechen, zumal bis dahin andere geologische Verhältnisse eingetreten sein können. Vielleicht sinkt dann die skandinavische Küste wieder zurück in das Meer, die sich jetzt noch hebt, und die Nordseeküste steigt wiederum empor, Kulturstätten wieder an das Tageslicht bringend, die Jahrtausende hindurch von den Fluten begraben waren.

Inhaltsverzeichnis.

	Seite
I. Unser Klima	1

Ozeanisches und kontinentales Klima. Temperatur. Feuchtigkeit. Regen, Wolken und Nebel. Winde.

II. Wetter, Witterungsberichte und Stürme 11

Die barometrischen Depressionen. Das Minimum vom 1. Januar 1907. Witterungsberichte und Wettervorhersagen. Sturmzeichen. Der Sturm vom 12. u. 13. März 1906. Teilminima. Häufigkeit der Stürme. Sturmsignale.

III. Unsere Meere 27

Die Nordsee: Entstehung, Meerestiefe. Meeresboden. Temperatur. Salzgehalt. — Die Ostsee: Entstehung. Meerestiefe. Meeresboden. Strömungen, Salzgehalt und Meeresniveau. Temperatur.

IV. Entstehung und Wandlungen unserer Küsten 39

Die Nordseeküste: Das Heben und Sinken der Küsten. Geschichtliche Überlieferungen. Die Ostseeküste: Veränderungen der Küste. Geschichtliche Überlieferungen. Die Dünen.

V. Ebbe und Flut 51

Entstehung der Flutwelle. Springfluten. Halbmonatliche und tägliche Ungleichheit. Ebbe und Flut an der Nordseeküste. Bestimmung der Hochwasserzeiten. Fluthöhen. Ebbe und Flut in der Ostsee.

VI. Sturmfluten 60

Nordseeküste: Die größten Sturmfluten und ihre Verheerungen.
Ostseeküste: Die Sturmfluten von 1304, 1625, 1872.
Der Kampf gegen die Sturmfluten: Das alte Deichrecht. Deichschutz und Landgewinnung. Ausblick in die Zukunft.

Anhang: 7 Wetterkarten des öffentlichen Wetterdienstes zu Dresden. (Siehe auch die Wetterkarte vom 1. Januar 1907 auf dem Titelblatt.)